U0343703

# 内容提要

绿叶菜类蔬菜因其具有丰富的营养价值和特殊的色、香、味而深受人们的喜爱，在蔬菜生产和消费中占有重要的地位，全国各地生产极为普遍，生产方式多种多样。本书以问答的形式介绍和解答了绿叶菜类蔬菜标准化栽培技术，让更多的生产者能够按照绿叶菜类蔬菜的特点，科学合理地进行栽培、管理，以提高绿叶菜类蔬菜的品质、产量和安全性。本书内容主要包括：标准化栽培的理论基础、绿叶菜类蔬菜标准化栽培的关键技术，以及绿叶菜类蔬菜产品的质量标准与监测检测措施与技术等；重点介绍的绿叶菜有：芹菜、莴苣、菠菜、茼蒿、芫荽、蕹菜、苋菜、荠菜、落葵、枸杞、芦蒿、菊花脑等。全书内容以绿叶菜类蔬菜标准化栽培的国家标准（GB）和农业部行业标准（NY）为核心，以绿叶菜类蔬菜无公害及绿色标准化生产为主线，从绿叶菜类蔬菜生产基地的选择、育苗或播种技术、定植方法、田间管理、病虫害防治、包装、运输、贮藏等方面，解答绿叶菜类蔬菜标准化生产中的关键技术问题和实用技术。叙述简洁，通俗易懂，贴近农业生产实际，对指导绿叶菜类蔬菜标准化生产具有一定的意义，可供广大生产者和农业科技人员学习参考。

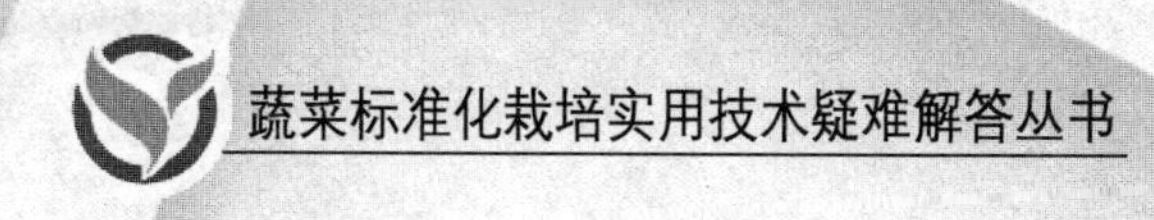


# 绿叶菜类蔬菜标准化生产实用新技术疑难解答

陈素娟　主编

中国农业出版社

## 主　　编

陈素娟

## 编写人员

陈国元　陈虎根
潘复生　杨兴国
霍建新　陈　军
陈素娟

# 前　言

为贯彻党的十七大精神，落实科学发展观，积极为“三农”服务，推进中国特色农业现代化建设，加快农业标准化实施步伐，及时解决标准化生产过程中出现的问题，用现代科学技术武装农民，促进蔬菜产业标准化生产和可持续发展，编写了此书。

绿叶菜类蔬菜虽然营养丰富且具有特殊的色、香、味，但因其产量较低，栽培上较费人工，易受害虫为害，不易贮藏、运输等特点，故在生产规模上受到制约。无公害、标准化的生产技术要求执行难度较大，规范往往被生产者忽视，严重时甚至影响到产品的质量安全与消费者的健康。本书以国家主管部门制定颁布的相关标准为依据，以生产无公害农产品、绿色食品乃至有机蔬菜产品为目标，解答绿叶蔬菜安全优质、高产高效标准化栽培技术难题，进一步推动绿叶菜类蔬菜的标准化生产。

本书共分为四章：第一章简介标准化栽培的基础理论，解答了什么是标准化？什么是农业标准体系？无公害农产品如何认证等标准化栽培的基础知识；第二章是绿叶菜类蔬菜标准化栽培的关键技术，解答了绿叶菜标准化栽培中共性的问题，例如绿叶菜安全生产对土壤有哪些要求，无公害绿叶菜生产中禁止使用和允许使用的农药等；第三章是绿叶菜类蔬菜标准化栽培优质高效生产技术，解答了常见绿叶菜标准化生产中的技术难题；第四章是绿叶菜类蔬菜产品质量标准与监测检测措施，解答了如何建立完善的标准生产体系问题，以及对蔬菜产品如何进行监测与检测等。本书中的问题、难题，来源于生产实践，力求解决生产过程中的具体技术难题，同时有一定的前瞻性和一定的深度、广度，使读者对绿叶菜类蔬菜的标准化生产有一个全面的认识，在生产中能正确地按照标准的要求组织实施。可供广大农业科技人员和农民生产中的参考。

本书第一章由陈素娟编写，第二章、第四章由陈国元编写，第三章由陈虎根、潘复生、杨兴国、霍建新、陈军共同完成。全书由陈素娟统稿，最后由江苏省农业科学院汪兴汉研究员审定全书。本书语言通俗易懂，问答贴近农业生产实际，文字简练，可操作性强，对当前推行蔬菜标准化生产具有较强的指导和借鉴作用。在编写过程中，得到了长期在教学、科研及生产一线的专业技术人员的大力支持，参考了相关的书籍和资料，在此表示感谢。

由于当代农业科技发展较快，编者水平有限，时间仓促，书中难免存在不足之处，欢迎专家、科技人员和农民朋友批评指正，以便今后进一步完善与提高。

陈素娟

2011 年 8 月于苏州农业职业技术学院

# 目 录

# 第一章　标准化栽培的基础理论

## 1. 什么是标准？什么是农业标准？

标准是指为了在一定的范围内获得最佳的秩序，经协商一致制定，并由公认的机构批准，共同使用的和重复使用的一种规范性文件。

农业标准是指在农业范围内所形成的，符合标准概念要求的规范性文件。按照农业标准的对象，农业标准分为技术标准、管理标准和工作标准三大类。技术标准是指规定和衡量标准化对象的技术特征的标准，它是从事生产、建设工作以及商品流通的一种共同技术依据。

## 2. 什么是农业标准化？

农业标准化是运用“统一、简化、协调、优化”的标准化原则，对农业生产的产前、产中、产后全过程，通过制定标准、实施标准和实施监督，促进先进的农业成果和经验的迅速推广，确保农产品的质量和安全，促进农产品的流通，规范农产品市场秩序，指导生产，引导消费，从而取得良好的经济、社会和生态效益，以达到提高农业生产水平和竞争力为目的的一系列活动过程。

## 3. 农业标准按性质分几类？标准分为几级？

按标准的性质农业标准化分为强制性标准和推荐性标准。

强制性标准是指必须执行的标准，属于我国技术法规。农业强制性标准包括：种子、农药、兽药及其他重要的农业生产资料标准；农产品安全卫生标准；农产品生产、储运和使用中的安全卫生要求；农业生产中的环境保护、生态保护标准；通过的技术术语符号、代号标准；国家需要控制的重要农产品的标准等。

推荐性标准指国家、行业和地方制定的向企业和社会推荐采用的标准。推荐性标准一旦纳入指令性文件，将具有相应的行政约束力。

我国农业标准分为农业国家标准、农业行业标准、农业地方标准和农业企业标准四级。

## 4. 什么是农业标准体系？其组成如何？

农业标准体系是指一定范围内的农业标准，按其内在联系形成的科学的有机整体。

农业标准体系的组成有国际标准、国家标准、行业标准、地方标准、企业标准等。

国际标准：是指国际标准化组织（ISO）、联合国食品法典委员会（CAC）、国际有机食品运动联盟（IFOAM）以及其他国际组织所制定的标准。

国家标准：是指需要在全国范围内统一技术要求，由国务院标准化行政部门组织制定的标准。国家标准具体由国家质量技术监督局编制计划和组织草拟，并统一审批、编号和发布。

行业标准：对没有国家标准而又需要在全国某个行业范围内

统一技术要求，可以制定行业标准。行业标准是由国务院有关行政主管部门组织制定的标准，农业行业标准是由农业部组织制定。行业标准是对国家标准的补充，行业标准在相应国家标准实施后自行废止。

地方标准：是指在某个省、自治区、直辖市范围内需要统一的标准。对没有国家标准和行业标准而又需要在省、自治区、直辖市范围内统一的技术和管理要求，可以制定地方标准。地方标准不得与国家标准、行业标准相抵触。

企业标准：是指企业所制定的产品标准和企业内需要协调、统一的技术要求和管理工作要求所制定的标准。

## 5. 什么是农业企业标准体系？其组成如何？

农业企业标准体系是指企业内的标准按其内在联系形成的科学的有机整体。企业标准体系包括三个子体系：技术标准体系、管理标准体系和工作标准体系。技术标准体系是企业标准体系的核心。

企业技术标准是指对标准化领域中需要协调统一的技术事项所制定的标准。企业技术标准体系是指企业范围内的技术标准按其内在联系形成的科学的有机整体。GB/T 15497—2003 规定了各企业技术标准体系的结构形式，不同类型的农业企业可根据产

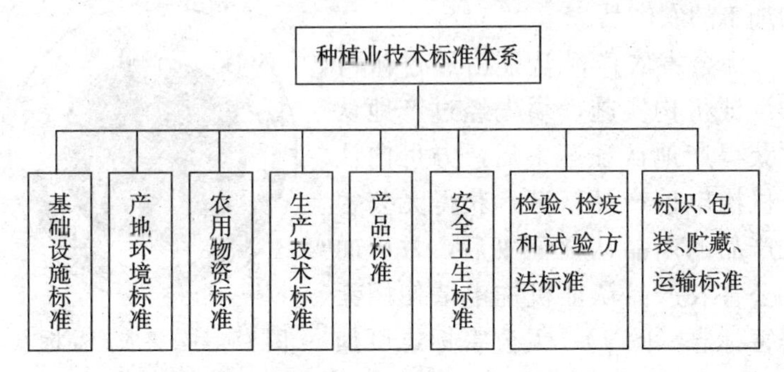

品的类型和生产特点，适度剪裁。应结合企业实际需要确定企业技术标准体系。如北京市地方标准 DB11/T 202—2003《农业企业标准体系　种植业标准体系的构成和要求》中绘出了种植业技术标准体系的结构图。

## 6. 什么是农业综合标准化？

农业综合标准化是指为达到确定的目标，运用系统分析方法，建立农业标准综合体，并贯彻实施的标准化活动。即农业综合标准化是在农业标准化的活动中，以系统的观点对农业标准化对象进行分析，根据规定目标，识别出农、林、牧、渔各业中，某一具体产品的产前、产中、产后具有内在联系的相关要素，并对其制定出标准，经过协调、优化之后，建立农业标准综合体，有组织、有步骤地加以实施的一种标准化方法。

## 7. 什么是无公害农产品？无公害农产品如何认证？

无公害食品是指产地、生产过程和产品安全符合无公害食品标准和生产技术规程（规范）的要求，经专门机构认定，许可使用无公害食品标志的未经加工或者初加工的农产品。

无公害农产品认证由经过认可的认证机构实施，须先经过产地认定获得产地认证证书后，方可向认证机构申请产品认证，获得无公害农产品的产品认证证书后，方可向无公害农产品认证机构申请使用无公害标志（图 1），无公害标志可加

图 1　无公害农产品标志

贴于经过认证的产品和包装上。

## 8. 什么是绿色食品？绿色食品如何认证？

绿色食品是指根据可持续发展原则，按特定生产方式生产，经专门机构认定，许可使用绿色食品标志（图 2），无污染的安全、优质、营养类食品。绿色食品认证是指由权威的第三方机构，对食品按照有关绿色食品的标准进行检测，并出具检验报告，对符合标准的食品授予绿色食品标志的过程。

图 2　绿色食品标志

目前，绿色食品标准分为两个技术等级，即 AA 级绿色食品标准和 A 级绿色食品标准。

AA 级绿色食品是指产地的环境符合 NY/T 391—2000《绿色食品　产地环境质量标准》的要求，生产过程不使用化学合成的肥料、农药、兽药、饲料添加剂、食品添加剂和其他有害于环境和身体健康的物质，按有机生产方式生产，产品质量符合绿色食品产品标准，经专门机构认定，许可使用 AA 级绿色食品标志的产品。

A 级绿色食品是指产地的环境符合 NY/T 391—2000 要求，生产过程中严格按照绿色食品生产资料使用准则和生产操作规程要求，限量使用限定的化学合成生产资料，产品质量符合绿色食品产品标准，经专门机构认定，许可使用 A 级绿色食品标志的产品。

## 9. 什么是有机食品？有机农产品如何认证？

有机食品是指生产环境无污染，在原料的生产和加工过程中

不使用农药、化肥、生长调节剂等化学合成物质，不采用基因工程技术，应用天然物质和无害于环境的生产方式生产、加工形成的环保型安全食品。

有机农产品认证基于有机农产品的生产和加工标准及合格评定程序，是技术认证和管理体系认证的双重表现形式。以技术为先导，以管理为保证。许可使用有机食品标志（图3）。

图3　有机食品标志

## 10. 什么是食品质量安全市场准入制度?

食品质量安全市场准入制度是指保证食品的质量安全，具备规定的条件的生产者才允许进行生产经营活动，具备规定的条件的食品才允许生产销售的一种行政监管制度。

食品质量安全市场准入制度是一项行政许可制度。其主要内容包括：①对食品生产企业实施生产许可证制度；②对企业生产的食品实施强制检验制度；③对实施食品生产许可制度的食品实行质量安全市场准入标志制度。

## 11. 农产品质量监督的依据和类型有哪些?

（1）依据　农产品质量监督的依据主要是有关标准或法律、法规（合同）规定的有关指标。就农产品而言，主要有这几方面的指标：品质安全卫生、质量等级、净含量和包装。

（2）类型

1）抽查型质量监督：是指质量监督管理部门通过农产品的抽查检验，对不符合质量安全标准的农产品进行事后处理，督促农业

生产者遵循质量法规和有关强制性标准的一种质量监督活动。

2）评价性质量监督：是由质量监督管理部门通过对农产品和农业生产条件进行检查和验证，做出综合质量评价，以证书、标志等形式向社会提供质量评价信息，并对获得证书、标志的产品实施必要的事后监督，以确保农产品质量稳定的一种质量监督活动。

3）仲裁型质量监督：是指质量监督管理部门，通过对有争议的产品进行检验和质量调查，分清质量责任，做出公正而科学的仲裁结论，以维护经济活动正常秩序的一种质量监督活动。

4）准入型质量监督：主要是指农产品进入某市场（或区域、会展），需达到一定的标准要求而展开的质量监督活动。

## 12. 农业标准实施监督的形式有哪些?

（1）按实施监督的主体来分，有以下3种形式：

1）第一方监督：即农业生产者的自我监督。

2）第二方监督：即农业生产者的相关方的监督。

3）第三方监督：即具有公正立场的政府或政府授权的相关机构进行的监督。

（2）按农业生产阶段，可分为产前、产中、产后监督。

1）产前监督：主要是监督农业生产环境、生产设施及生产资料（包括农药、种子、化肥等投入品）是否符合标准要求，是否满足农业生产的需要。

2）产中监督：是指监督农业生产过程是否按生产技术规程组织生产。

3）产后监督：主要是监督农产品质量是否达到标准要求，农产品的运输、储存和初加工过程是否按标准进行。

# 第二章　绿叶菜类蔬菜标准化栽培关键技术

## 13. 绿叶菜类蔬菜标准化生产基地的选择原则是什么?

绿叶菜类蔬菜进行标准化生产，其基地需要具备一定的条件，建设无公害蔬菜生产基地要充分考虑当地的经济社会状况、大气质量状况、水质状况以及土壤环境条件状况。具体地说，无公害蔬菜生产基地应建在水质、土壤、大气符合GB 18407.1—2001《农产品安全质量　无公害蔬菜产地环境要求》的地域。生产基地还应当具备交通方便、排灌良好、土质优良等生产条件。

## 14. 绿叶菜类蔬菜对产地环境质量的要求有哪些?

绿叶菜类蔬菜标准化生产，产地必须具备良好的气、水、土条件，清洁的大气、纯净的灌溉水和无污染的土壤是进行绿叶菜类蔬菜标准化栽培的基础。产地环境应符合《环境空气质量标准（GB 3095—1996）》（表1）以及《农田灌溉水质标准（GB 5084—92）》（表2）的规定，土壤的综合污染指数≤1.0。

**表1　环境空气质量标准**（GB 3095—1996）

| 污染物名称 | 浓度限值/毫克/米$^3$ | | | |
|---|---|---|---|---|
| | 取得时间 | 一级标准 | 二级标准 | 三级标准 |
| 总悬浮微粒 | 日平均① | 0.15 | 0.30 | 0.50 |
| | 任何一次② | 0.30 | 1.00 | 1.50 |
| 飘尘 | 日平均 | 0.05 | 0.15 | 0.25 |
| | 任何一次 | 0.15 | 0.50 | 0.70 |
| 二氧化硫 | 年日平均③ | 0.02 | 0.06 | 0.10 |
| | 日平均 | 0.05 | 0.15 | 0.25 |
| | 任何一次 | 0.15 | 0.50 | 0.70 |
| 氮氧化物 | 日平均 | 0.05 | 0.10 | 0.15 |
| | 任何一次 | 0.10 | 0.15 | 0.30 |
| 一氧化碳 | 日平均 | 4.00 | 4.00 | 6.00 |
| | 任何一次 | 10.00 | 10.00 | 20.00 |
| 光化学氧化剂（$O_3$） | 1小时平均 | 0.12 | 0.16 | 0.20 |

注：①“日平均”为任何一日的平均浓度不许超过的限值。

②“任何一次”为任何一次采样测定不许超过的浓度限值，不同污染物“任何一次”采样时间见有关规定。

③“年日平均”为任何一年的日平均浓度均值不许超过的限值。

**表2　农田灌溉水质标准**（GB 5084—92）

| 序号 | 调查项目 | 标准值/毫克/升 | | |
|---|---|---|---|---|
| | | 水作 | 旱作 | 蔬菜 |
| 1 | 生化需氧量（BODr）≤ | 80 | 150 | 80 |
| 2 | 化学需氧量（CODcr）≤ | 200 | 300 | 150 |
| 3 | 悬浮物≤ | 150 | 200 | 100 |
| 4 | 阴离子表面活性剂（LAS）≤ | 5.0 | 8.0 | 5.0 |
| 5 | 凯氏氮≤ | 12 | 30 | 30 |
| 6 | 总磷（以P计）≤ | 5.0 | 10 | 10 |
| 7 | 水温（℃）≤ | 35 | | |

（续）

| 序号 | 调查项目 | 标准值/毫克/升 | | |
|---|---|---|---|---|
| | | 水作 | 旱作 | 蔬菜 |
| 8 | pH | 5.5～8.5 | | |
| 9 | 全盐量≤ | ①1 000（非盐碱土地区）②2 000（盐碱土地区）③有条件的地区可适当放宽 | | |
| 10 | 氯化物≤ | 250 | | |
| 11 | 硫化物≤ | 1.0 | | |
| 12 | 总汞≤ | 0.001 | | |
| 13 | 总镉≤ | 0.005 | | |
| 14 | 总砷≤ | 0.05 | 0.1 | 0.05 |
| 15 | 铬≤ | 0.1 | | |
| 16 | 总铅≤ | 0.1 | | |

## 15. 绿叶菜类蔬菜生产对土壤有哪些要求？

绿叶菜类蔬菜大都以嫩叶作为产品器官，许多种类其生长期短，生长迅速，因此要求以有机质比较丰富，保肥、保水性能良好的土壤种植为佳。土壤环境质量指标应符合无公害蔬菜产地环境要求。具体见表3。

**表3 土壤环境质量指标**

| 项　　目 | | 含量限值 | | |
|---|---|---|---|---|
| | | pH<6.5 | pH6.5～7.5 | pH>7.5 |
| 镉/毫克/升 | ≤ | 0.30 | 0.30 | 0.60 |
| 汞/毫克/升 | ≤ | 0.30 | 0.50 | 1.0 |
| 砷/毫克/升 | ≤ | 40 | 30 | 25 |
| 铅/毫克/升 | ≤ | 250 | 300 | 250 |
| 铬/毫克/升 | ≤ | 250 | 200 | 250 |

（续）

| 项　目 | | 含量限值 | | |
|---|---|---|---|---|
| | | pH<6.5 | pH6.5～7.5 | pH>7.5 |
| 铜/毫克/升 | ≤ | 50 | 100 | 100 |
| 锌/毫克/升 | ≤ | 200 | 250 | 300 |
| 镍/毫克/升 | ≤ | 40 | 50 | 60 |
| 六六六/毫克/升 | ≤ | 0.50 | 0.50 | 0.50 |
| 滴滴涕/毫克/升 | ≤ | 0.50 | 0.50 | 0.50 |

注：以上项目均按元素量计，适用于阳离子交换量>5厘摩尔（+）/千克的土壤；若≤5厘摩尔（+）/千克，其标准值为表内数值的半数。

## 16. 土壤消毒主要有哪些方法？

（1）药剂消毒法　在播种前后将药剂施入土壤中，目的是防止种子带菌和土传病害的蔓延。主要施药方法如下：

1）喷淋或浇灌法：将药剂用清水稀释成一定浓度，用喷雾器喷淋于土壤表层，或直接灌到土壤中，使药液渗入土壤深层，杀死土中病菌。喷淋施药处理土壤适用于大田、育苗营养土等。常用消毒剂有绿亨1号、绿亨2号等，防治苗期病害，效果显著。

2）硫黄消毒法：将硝石灰、硫黄、锯末充分拌匀，具体用量硝石灰100千克/公顷、硫黄2～3千克/公顷、锯末500～750千克/公顷，均匀撒在土壤表面，用铁锹或钉耙深翻混合，再用大水灌透，覆盖塑料薄膜，并将薄膜四周用土压实盖严，保持10天左右。此法最好在夏季使用，有利于提高土壤温度，达到充分杀灭土壤中病虫的目的。

（2）物理消毒法

1）太阳能消毒：方法是在温室或田间作物采收后，连根拔除田间老株，多施有机肥料，然后把地翻平整好，在7～8月份，气温达35℃以上时，用透明吸热薄膜覆盖好，土壤温度可升至

50～60℃，密闭15～20天，可杀死土壤中的各种病菌。这一方法大都在我国北方地区连年种植草莓、西瓜、花卉的大棚温室里应用。近年南方设施西瓜大棚内也用此法消毒，灌水后还能起到洗盐的作用。

2）蒸汽热消毒：是用蒸汽锅炉加热，通过导管把蒸汽热能送到土壤中，使土壤温度升高，杀死病原菌，以达到防治土传病害的目的。这种消毒方法要求设备比较复杂，只适合经济价值较高的作物及苗床上小面积施用。

3）火烧消毒：在露地苗床上，将干柴草平铺在床面上点燃，这样不但可消灭表土中的病菌、害虫和虫卵，翻耕后还能增加部分钾肥。

此外，还有毒土法、氰氨化钙土壤处理、溴甲烷土壤处理等消毒方法，可根据实际种植的种类、具体栽培条件进行合理选择。

## 17. 绿叶菜类蔬菜育苗出苗不整齐的原因是什么？

（1）种子质量较低　种子成熟度不一致、种子新旧混杂等，都能导致出苗不整齐。由于种子质量引起出苗不齐，一般表现为苗床上幼苗生长稀疏。

（2）种子处理不当　种子催芽前吸水不足，或在催芽过程中水分、温度、氧气等条件不适合，造成发芽不齐，使播种后出苗不齐。

（3）播种技术和苗床管理技术不佳　这是造成出苗不齐的主要原因。播种不均、育苗床面不平、播后覆土厚度不一、苗床局部环境因素差异，都会造成出苗不齐的现象。一般表现为苗床上某些区域出苗较晚，其他区域出苗正常。

## 18. 绿叶菜类蔬菜育苗如何防止出苗不整齐？

（1）通过种子检验，掌握种子质量，对质量低的种子，如品

种纯度低、发芽率低、病虫害严重的种子坚决不用。

（2）催芽时应满足种子对水分、温度、氧气等条件的需求。首先要使种子吸足水分，在催芽过程中温度保持在20～30℃，并每隔4～5小时翻动一次，增加氧气。种子量大时，每20～24小时用温水冲洗种子一次，洗净黏液，以利种皮气体交换。

（3）播种之前要将苗床浇透水，一般要达到床土10厘米深处，为提高苗床地温，冬季可浇温水。浇水后覆盖一薄层过筛营养土，并将床面整平后播种。播种要均匀，播种后立即覆一层过筛床土，盖籽土厚度要一致，一般为种子直径的3～5倍。从播种到出苗，要求苗床湿润、通气良好和有较高的温度，夜温可比日温低5～10℃，并注意使水分、温度等环境因子均匀一致。

## 19. 绿叶菜类蔬菜生产对肥料有何要求？常用的肥料种类有哪些？

绿叶菜类蔬菜一般生长期较短，生长速度快。因此，对田间肥料要求较高，主要以速效肥为主。但氮肥施用过量往往造成产品中硝酸盐含量过高，严重影响产品的质量。因此，在绿叶菜类蔬菜生产时对肥料的要求是：

（1）以基肥为主，追肥为辅；有机肥与无机肥配合使用；以复合肥为主，单元素肥料为辅。

（2）氮肥使用量一般控制在每亩不超过24千克。

（3）有机态与无机态的比例2：1，并尽量减少叶面喷肥，最后一次叶面施用应在采收前20天。

（4）配合施用生物氮肥。

常用的肥料种类有：

（1）有机肥　腐熟的厩肥、沼液、饼肥、堆肥、绿肥和人粪尿等。

（2）微生物肥料　根瘤固氮肥料、磷细菌肥料和复合微生物

肥料等。

(3) 叶面肥料　以大量元素、微量元素、氨基酸等配制而成的肥料。

(4) 化学肥料　三元复合肥、尿素、磷酸二铵、碳酸氢铵、硫酸钾等。

(5) 禁用肥料　硝态氮肥、工业废弃物、城市垃圾和未经无害化处理的人畜粪尿等。

## 20. 绿叶菜类蔬菜生产中的施肥原则是什么？

以基肥为主，追肥为辅；有机肥为主，化肥为辅；施肥时，尽可能减少单纯氮肥的施用，配合施用磷、钾肥，注意增施生物有机肥，可有效地降低绿叶菜类蔬菜中硝酸盐的含量，提高产品的品质。

最后一次追施氮肥至产品采收上市必须有至少 10 天以上安全间隔期。根据试验，施用氮肥后的第二天，蔬菜体内的硝酸盐含量最高，以后随着时间的推移逐渐减少。生长在不同季节，同一种蔬菜体内积累硝酸盐的量和硝酸盐被消解的速度有所差异。在夏、秋高温季节，不利于绿叶菜体内积累硝酸盐，安全间隔期可以稍短；冬、春季气温低，光照弱，硝酸盐还原酶活性下降，容易积累硝酸盐，安全间隔期宜稍长。

冬春季不宜在旧薄膜覆盖的大棚或小拱棚内生产短期绿叶菜类蔬菜。由于冬春季阴天多，光照不足，棚内种菜易积累硝酸盐。如果要栽种，则安全间隔期要延长。

## 21. 绿叶菜类蔬菜栽培过程中的硝酸盐污染如何控制？

绿叶菜类蔬菜中硝酸盐含量一般较高，必须严格执行合理施

肥规程，不应单一使用氮肥，尤其是控制中后期的化肥施用量，避免氮肥过重。以施足基肥为主，大力增施腐熟的有机肥，采用配方施肥技术，可有效解决绿叶菜类蔬菜增施氮肥和控制硝酸盐含量之间的矛盾，防止蔬菜产品受污染。控制氮肥施用量是控制蔬菜产品硝酸盐含量超标的关键技术。优质农家肥的施用量一般应控制在 2 000～3 000 千克/亩。磷肥全部用作基肥，钾肥 2/3 用作基肥，氮肥 1/3 用作基肥；基肥以优质农家肥为主，2/3 撒施，1/3 沟施。重施基肥、轻施追肥能明显控制蔬菜中硝酸盐含量。在绿叶菜类蔬菜无公害生产中，最后一次追肥应在采收 30 天以前进行。

## 22. 绿叶菜类蔬菜标准化生产中允许和禁止使用的农药有哪些?

（1）允许使用植物源杀虫剂、杀菌剂、拒避剂和增效剂，如除虫菊素、鱼藤根、烟草水、大蒜素苦楝、川楝、印楝、芝麻素等。

（2）允许释放寄生性、捕食性天敌动物，如赤眼蜂、瓢虫、捕食螨、各类天敌蜘蛛及昆虫病原线虫等。

（3）允许在害虫捕捉器中使用昆虫外激素，如性信息素或其他动植物源引诱剂。

（4）允许使用矿物油乳剂和植物油乳剂。

（5）允许使用矿物源农药中硫制剂、铜制剂。

（6）允许有限度地使用微生物农药，如真菌制剂、细菌制剂、病毒制剂、放线菌剂、拮抗菌剂、昆虫病原线虫、原虫等。

（7）允许有限性使用农用抗生素，如春雷霉素、多抗霉素、井冈霉素、农抗 120 等。

（8）禁止使用有机合成化学杀虫剂、杀螨剂、杀菌剂、除草剂和植物生长调节剂。

(9) 禁止使用生物源农药中混配有机合成农药的各种制剂。

(10) 如生产实属必需，允许生产基地有限度地使用部分有机合成化学农药，并严格按照规范施用。

## 23. 绿叶菜类蔬菜病虫害的主要种类有哪些?

绿叶菜类蔬菜生产中主要病害有：软腐病、病毒病、炭疽病、霜霉病、黑斑病、菌核病等；主要虫害有：菜青虫、小菜蛾、跳甲、菜蚜、斜纹夜蛾等。1～3 月份低温潮湿，霜霉病大量发生，气候回暖后，软腐病易发生，小菜蛾开始发生。4～6 月份，气温回升，进入雨季，高温多湿有利于各种病虫的发生，炭疽病、菌核病、黑斑病、小菜蛾、菜蚜、跳甲、夜蛾等相继危害。7～9 月份，高温多雨季节，炭疽病、菌核病、夜蛾、菜青虫危害猖獗。10～12 月份，天气较旱，蚜虫多，病毒病严重。

## 24. 绿叶菜类蔬菜标准化生产中病虫害如何进行农业综合防治?

(1) 选用抗（耐）病虫品种，适时播种　针对当地主要病虫害发生情况，因地制宜选用高抗多抗优良品种；合理选择适宜的播种期，可以避开某些病虫害的发生、传播和为害盛期，从而减轻病虫为害。

(2) 用无病种子或进行种子消毒　应从无病留种田采种，并进行种子消毒。在播种前，将蔬菜种子晒 2～3 天，利用阳光杀灭附在种子表面的病菌，减少发病。蔬菜的种子用 55℃温水浸种 10～15 分钟，能起到消毒杀菌作用，可预防苗期发病。

(3) 培育无病壮苗，防止苗期病虫害　育苗前苗床彻底清除枯枝残叶和杂草。可采用营养钵或穴盘育苗，营养土要用无病土，同时施用腐熟的有机肥。加强育苗管理，剔除病苗，选用无

病虫壮苗移植。

（4）轮作换茬和清洁田园　各种蔬菜实行2～4年以上的轮作换茬，在播种和定植前，结合整地清除病株残体，铲除田间及四周杂草，清除病虫中间寄主。在蔬菜生长过程中及时摘除病虫为害的叶片．果实或全株拔除，带出田外深埋或烧毁。

（5）深耕晒垡　深耕可将土表的蔬菜病残体、落叶埋至土壤深层腐烂，并将地下的害虫、病原菌翻到地表，受到天敌啄食或严寒冻死，从而降低病虫基数。而且使土壤疏松，有利于蔬菜根系发育，提高植株抗逆性。

（6）科学施肥　要在增施有机肥的基础上，按各种蔬菜对氮、磷、钾元素养分需求的适宜比例施用化肥，防止超量偏施氮素化肥，严格氮肥施用安全间隔期。要施足底肥，勤施追肥，结合喷施叶面肥，杜绝使用未腐熟的有机肥。氮肥过多会加重病虫害的发生。施用未腐熟有机肥可招致蛴螬、种蝇等地下害虫为害加重，并引发根、茎基部病害。

## 25. 设施栽培中如何通过生态防治措施控制病虫害发生？

生态防治措施主要通过调节棚室内温湿度、改善光照条件、调节棚室内气体等生态措施，促进蔬菜健康成长，抑制病虫害发生。

（1）改有滴膜为无滴膜；改棚内露地为地膜覆盖种植；改平畦栽培为高畦栽培；改明水灌溉为膜下暗灌；改大棚中部放风为棚脊高处放风；增加棚前沿防水沟，集棚膜水于沟内排除渗入地下，减少棚内水分蒸发。

（2）在冬季大棚灌水上，掌握阴天不浇晴天浇，下午不浇上午浇，明水不浇暗水浇等技术；苗期控制浇水，连续阴天控制浇水，低温控制浇水。

（3）在药剂防治方法上，能用烟雾剂和粉尘剂防治的不用喷雾防治，减少棚内湿度。

（4）常擦洗棚膜，保持棚膜的良好透光，增加光照，提高温度，降低相对湿度。

（5）在防冻害上，通过加厚墙体、双膜覆盖，采用压膜线压膜减少孔洞，加大棚体，挖防寒沟等措施，提高棚室的保温效果，使相对湿度降到80%以下，从而有效地减轻蔬菜的冻害和生理病害。夏季高温季节采用遮阳网进行避雨、抗热栽培，减轻病虫害。

## 26. 绿叶菜类蔬菜栽培如何通过物理防治措施来控制病虫害？

（1）设施防护　覆盖塑料薄膜、遮阳网、防虫网，进行避雨、遮阳、防虫隔离栽培，减轻病虫害的发生。在夏秋季节，利用大棚闲置期，采取晴天高温闷棚5～7天，使棚内最高气温达60～70℃，可有效杀灭棚内及土壤表层的病菌和害虫。

（2）诱杀技术

1）灯光诱杀：利用害虫对光的趋性，用高压汞灯、黑光灯、频振式杀虫灯等进行诱杀。尤其在夏秋季害虫发生高峰期对蔬菜主要害虫有良好的诱杀效果。

2）性诱剂诱杀：在害虫多发季节，每亩菜田放置水盆3～4个，盆内放水和少量洗衣粉或杀虫剂，水面上方1～2厘米处悬挂昆虫性诱剂诱芯，可诱杀大量前来寻偶交配的昆虫。目前已商品化生产的有斜纹夜蛾、甜菜夜蛾、小菜蛾、小地老虎等的性诱剂诱芯。

3）色板、色膜驱避、诱杀：即利用害虫特殊的光谱反应原理和光色生态规律，用色板、色膜驱避、诱杀害虫。在田间铺设或悬挂银灰色膜可驱避蚜虫；用黄色捕虫板可诱杀蚜虫、白粉

虱、斑潜蝇等；用蓝色捕虫板可诱杀棕榈蓟马。

4）食物趋性诱杀：利用成虫补充营养的习性和对食物的优选趋性，在田间安置人工食源进行诱杀，也可种植蜜源植物进行诱杀。

5）栖境诱杀：很多害虫都有昼伏夜出习性，可以人为在田间模拟设置害虫栖境进行诱杀。

（3）防虫网隔离技术　覆盖防虫网后，基本上能免除菜青虫、小菜蛾、甘蓝夜蛾、甜菜夜蛾、斜纹夜蛾、棉铃虫、豆野螟、瓜绢螟、黄曲条跳甲、猿叶虫、二十八星瓢虫、蚜虫、美洲斑潜蝇等多种害虫的危害，控制由于害虫的传播而导致的病毒病的发生，还可保护天敌。

## 27. 绿叶菜类蔬菜栽培如何通过生物防治来控制病虫害发生？

（1）保护利用天敌　积极保护利用瓢虫等捕食性天敌和赤眼蜂等寄生性天敌防治害虫，是一种经济有效的生物防治途径。多种捕食性天敌（包括瓢虫、草蛉、蜘蛛、捕食螨等）对蚜虫、叶蝉等害虫起着重要的自然控制作用。寄生性天敌昆虫应用于蔬菜害虫防治的有丽蚜小蜂（防治温室白粉虱）和赤眼蜂（防治菜青虫、棉铃虫）等。

（2）利用细菌、病毒、抗生素等生物制剂　利用阿维菌素、农用链霉素、新植霉素等抗生素防治病虫害。如苏云金杆菌（Bt）制剂防治蔬菜害虫，阿维菌素（虫螨克）防治小菜蛾、菜青虫、斑潜蝇等；核型多角体病毒、颗粒体病毒防治菜青虫、斜纹夜蛾、棉铃虫等；农用链霉素、新植霉素防治多种蔬菜的软腐病、角斑病等细菌性病害。

（3）蔬菜制剂防治虫害

1）黄瓜蔓：将新鲜黄瓜蔓1千克，加少许水捣烂滤去残渣，用滤出的汁液加3～5倍水喷洒，防治菜青虫和菜螟的效果达

90%以上。

2）苦瓜叶：摘取新鲜多汁的苦瓜叶片，加少量的清水捣烂榨取原液，然后每千克原液中加入1千克石灰水，调匀后再用于浇灌幼苗根部，防治地老虎有特效。

3）丝瓜：将鲜丝瓜捣烂，加20倍水拌匀，取其滤液喷雾，用来防治菜青虫、红蜘蛛、蚜虫及菜螟等害虫，效果均在95%以上。

4）南瓜：将南瓜叶加少量水捣烂，榨取原液，以2份原液加3倍水的比例稀释，再加少量皂液，搅匀后喷雾，防治蚜虫效果在90%以上。

（4）麦麸制剂（毒饵）　先将5千克麦麸炒香，冷却备用。将90%晶体敌百虫130～150克、白糖250克、白酒50克加入5千克温水中混匀，然后将冷却的麦麸倒入配好的混合液拌匀。选在晴天傍晚将药饵撒在蔬菜行间、苗根附近，可防治蝼蛄、地老虎等地下害虫。

（5）昆虫生长调节剂和特异性农药　这一类农药并非直接“杀伤”害虫，而是干扰昆虫的生长发育和新陈代谢作用，使害虫缓慢而死，并影响下一代繁殖。这类农药对人、畜毒性很低，对天敌影响小，环境相容性好。其中已大量推广使用，或正在推广的品种有：除虫脲、氯氟脲（抑太保）、特氟脲（农梦特）、氟虫脲（卡死克）、丁醚脲（保路）、米螨、虫螨腈（除尽）等。

## 28. 绿叶菜类蔬菜栽培过程中使用频振式杀虫灯的效果如何？

灯光诱杀是利用许多害虫的成虫具有趋光性的特点而利用灯光进行诱杀的物理防治方法。频振式杀虫灯是融光、波、色于一体的诱杀害虫技术，常用于大面积蔬菜无公害生产。频振式杀虫灯诱杀的害虫主要有鳞翅目、鞘翅目等7个目、20多科、40多

种害虫，斜纹夜蛾、棉铃虫等夜蛾科害虫占鳞翅目害虫的75.2%。使用频振式杀虫灯比常规管理，每茬减少用药2～3次；频振式杀虫灯对天敌的伤害小；普通型号的频振式杀虫灯每晚耗电0.5度，仅为高压汞灯的9.4%，使用成本低。

频振式杀虫灯

## 29. 绿叶菜类蔬菜栽培采用化学防治控制病虫害的原则是什么？

（1）优选农药　优先选用粉尘剂和烟剂，尽可能少用水剂；严禁在蔬菜上使用剧毒、高毒、高残留和有“三致”作用的农药，推广高效、低毒、低残留农药。

（2）优选药械　选用合理的施药器械和方法，积极推广低容量或超低容量喷雾技术，针对不同蔬菜和不同病虫选用恰当的施药方法和技术，提高施药质量，减轻病虫危害。选用雾化度高的药械，提高防治效果，减少用药量；选用高质量药械，杜绝跑、冒、滴、漏。

（3）严格安全间隔期　严格按照农药使用说明规定的用药量、用药次数、用药方法和安全间隔期施药。例如，有机磷农药的安全间隔期要在7～10天以上，杀菌剂除多菌灵、百菌清要求

14 天以上外，其余均为 7～10 天。此外，还应根据病虫发生的具体情况和设施的特点，选用合理的施药方法，如喷雾、熏蒸、土壤消毒等。

（4）合理施药　坚持按计量要求施药和多种药剂交替使用，科学合理复配混用，适时对症用药防治，克服长期使用单一药剂、盲目加大施用剂量和将同类药剂混合使用的习惯。将两种或两种以上不同作用机制的农药合理复配混用，可起到扩大防治范围、兼治不同病虫害、降低毒性、增强药效、延缓抗药性产生等效果。

## 30. 什么是网室栽培？

网室栽培，又叫防虫网平棚覆盖栽培，是以防虫网覆盖形成人工构建的隔离屏障，将害虫拒之网外，从而实现防虫栽培的生产目的。采用防虫网覆盖栽培可大幅度减少化学农药用量和对农药的依赖性，是农业无公害生产的一项重要技术措施，是一项成

钢架结构网室

熟的省工、省力、增产、简易、实用的环保型农业新技术，开辟了蔬菜防虫抗灾的物理防治新途径，具有十分显著的社会、经济、生态效益。

我国从20世纪90年代开始推广应用，已取得了较好的经济和生态效益。主要应用在夏秋季节绿叶菜类蔬菜生产。

## 31. 如何建造绿叶菜类蔬菜栽培网室？

绿叶菜类蔬菜夏季露地生产往往是虫害多、农药污染严重，使用防虫网覆盖进行网室栽培，可实现绿叶菜产品无农药污染，这是防虫网目前应用得最多的领域。

绿叶菜类蔬菜网室栽培一般采用水平棚架覆盖，即用水泥柱（长10～12厘米×宽10～12厘米×高330～350厘米）做立柱，一般每根立柱之间的距离为6米，用直径0.48毫米钢丝索按“十”字或“米”字形固定在水泥柱顶部撑起防虫平棚架，防虫网覆盖于平棚上，四周用围网单独固定、压实，在网棚适当位置安置1～2扇门。覆盖前要进行除草和土壤消毒，这种方法特别

水泥支柱网室

适合在没有钢管大棚的地区推广，同样起到防虫保菜的作用。这种覆盖方式是将数亩田块全部用防虫网覆盖起来，由于网室面积大，田间操作可在网室内进行，不仅小气候特征不明显，而且防虫效果好，受到菜农欢迎。一般选择20～24目网，单体覆盖规模1 500～2 000米$^2$，不宜太大，防止台风损害。同时便于台风来时，或秋后将顶网揭除，避免构架和防虫网的损失。

## 32. 网室栽培的配套技术有哪些？

（1）加强土壤消毒和化学除草工作　覆盖防虫网前必须杀死残留在土壤中的病菌和害虫，切断害虫传播途径，防虫网四周要压实封严，防止害虫潜入产卵。栽培多茬后要在网四周底部喷施对卵有杀死作用的高效低毒农药。

（2）选择适宜规格防虫网　规格主要包括幅宽、孔径、丝径、颜色等。网眼小，防虫效果好，但遮光过多，影响作物生长。相反，起不到应有防虫效果。综合考虑，适宜规格为：白色或灰色，20～24目，丝径0.18毫米，幅宽1.2～3.6米。

（3）实行全生育期覆盖　白色防虫网遮光不多，适合全程覆盖，并采用四周围网和顶网分体覆盖方式，加强防虫网的固定，同时在台风来临时及时揭除顶部网片。

（4）采用综合配套措施　选用抗病、耐热优良品种；增施有机肥，优选生物农药；采用地膜覆盖技术，实行滴灌或微喷技术；注意调节网室温度，以水降温保湿。

## 33. 绿叶菜类蔬菜应用防虫网覆盖栽培技术的效果如何？

在设施栽培上覆盖防虫网后形成封闭隔离室，可以有效阻止成虫进入产卵和幼虫进入直接危害，切断了害虫的传播途径，防

虫效果十分明显。银灰色防虫网还有驱避蚜虫作用。据试验，在5～10月份用20目银灰色防虫网全天候覆盖小棚青菜，出苗后14天和24天观察，防效分别达到83%和72%；如果在播种前用80%敌敌畏乳油800倍液喷洒土壤一次，防效可高达100%。同时防虫网能有效地控制蚜虫传播病毒，所以小青菜几乎没有病毒病发生。这样可以减少用药，保证了无公害生产。

# 第三章　绿叶菜类蔬菜优质高效标准化栽培技术

## 一、芹菜无公害标准化生产技术

### 34. 芹菜标准化生产过程中应遵循哪些标准？

无公害芹菜生产过程中除了应遵循 NY/T 5092—2002 标准外，还应遵循以下标准：《农药安全使用标准》（GB 4285）；《农药合理使用准则》（GB/T 8321，所有部分）；《肥料合理使用准则　通则》（NY/T496）；《无公害食品　蔬菜产地环境条件》（NY 5010—2010）；《瓜菜作物种子　叶菜类》（GB 16715.5—1999）。

### 35. 芹菜生长发育对环境条件有哪些要求？

芹菜属耐寒性蔬菜，要求较冷凉湿润的环境条件，生长适温15～20℃，26℃以上生长不良，品质低劣，但苗期耐高温；幼株能耐－7℃的低温。种子于4℃开始发芽，发芽最适温度为15～20℃。

芹菜为浅根系蔬菜，吸肥能力弱，所以对土壤水分和养分要求均较严格。保水保肥力强、有机质丰富的土壤最适宜生长。对土壤酸碱度适应范围为pH6.0～7.6。保持足够的土壤水分，可以增强叶部的同化作用，促进地下根系的发育，从而又会促进地

上部的分蘖和叶面积的增大及叶数的增多。芹菜要求较全面的肥料，在整个生长过程中氮肥始终占主要地位，氮肥是保证叶片生长良好的最基本条件。

芹菜属于低温、长日照植物。在一般条件下幼苗在2～5℃低温下，经过10～20天可完成春化。以后在14小时长日照条件下，通过光周期而抽薹开花。在较高温度下，又会抑制抽薹。弱光可促进芹菜的纵向生长，即直立发展；而强光可促进横向发展，抑制纵向生长。

## 36. 芹菜的主要营养及食用价值如何？

芹菜营养丰富，含有各种维生素和矿物质及人体不可缺少的膳食纤维。每100克白芹中含有蛋白质0.8克、脂肪0.1克、碳水化合物3.9克、膳食纤维1.4克、维生素A10毫克、胡萝卜素60毫克、维生素C12毫克、维生素E2.21毫克、钾154毫克、钙48毫克、钠73.8毫克、镁10毫克、铁0.8毫克、锌0.46毫克。芹菜中蛋白质、钙、铁、维生素含量高于一般蔬菜，叶子营养高于茎。

西芹与本芹相比，其特点是叶柄宽厚，纤维少，质脆，味甜，稍带芳香味，具有较高的营养保健功能。据测定，每100克鲜菜中含碳水化合物3.0g，蛋白质2.2g，脂肪0.22g，并含有多种维生素、矿物质，其中含钙、磷、铁均较高。其含有的挥发性芳香油，有增进食欲、降压、清肠利便等作用。西芹以肥厚的叶片为食用部分。

现代医学研究发现，芹菜的茎叶中含有芹菜甙、佛手甙内酯、挥发油等成分，有降压利尿、增进食欲和健胃等药理作用，可用于高血压、动脉硬化、神经衰弱、小便热涩不利、月经不调等症的食疗。芹菜中含有的膳食纤维，有促进肠蠕动、防治便秘的作用。芹菜还能中和血液中过多的尿酸，可以用于痛风患者的食疗。此外，芹菜还有保护脑细胞、增强学习记忆功能以及镇静和抗惊厥作用。

芹菜在古代就作为药用：《生草药性备要》说芹菜能“补血、祛风、祛湿。敷洗诸风之症”。《本经逢源》说芹菜能“清理胃中浊湿”。《本草推陈》说芹菜能“治肝阳头昏、面红目赤、头重脚轻、步行飘摇等症”。

## 37. 芹菜有哪几种主要类型？植株形态上有何区别？

芹菜分为本芹（又称中国芹菜、胡芹、药芹、旱芹）和洋芹（又称西芹、西洋芹）两种。

中国芹菜：叶柄细长，依据叶柄颜色又分为青芹和白芹。青芹叶片较大，绿色，叶柄粗，横径1.5厘米左右，香气浓，产量高，软化后品质一般。白芹植株较矮小，叶较细小，淡绿色，叶柄较细，横径1.2厘米左右，黄白色或白色，香味淡，品质好，易软化。

西芹：主要由欧美引进，株型紧凑，生长势强，株高60～80厘米；叶柄肥厚而宽扁，宽达2.3～3.3厘米，多为实心，维管束及厚角组织不发达，纤维素少，味淡、脆嫩；耐热性差，单株重1～2千克。有青柄和黄柄两个类型。

## 38. 中国芹菜又分哪几种？目前有哪些优良品种？

中国芹菜依叶柄颜色分为青芹和白芹。生产上应选择叶柄长、实心、纤维少，丰产，抗逆性好，抗病虫能力强的品种。

青芹植株较高大，叶片较大，绿色，叶柄较粗，横径1.5厘米左右，味浓，产量高，软化后品质较好。叶柄有实心和空心两种：实心芹菜叶柄髓腔很小，腹沟窄而深，品质较好，春季不易抽薹，产量高，耐贮藏，但生长速度较慢，适宜秋栽和保护地栽培，代表品种有：津南实芹、北京铁杆青、实心1号、马丁芹菜、春丰芹菜、开封玻璃脆、白庙芹菜、青苗实心芹菜等；空心芹菜叶柄髓腔较大，腹沟宽而浅，品质较差，春季易抽薹，但抗热性较强，宜夏季栽培，代表品种有：福山芹菜、安徽青芹、江苏青梗薄片、早青芹、黄苗空心芹菜等。

白芹植株较矮小，叶较细小，淡绿色，叶柄较细长，横径1.2厘米左右，黄白色或白色，香味浓，品质好，易软化，代表品种有：贵阳白芹、昆明白芹、广州白芹、沙市白秆芹、四川雪白芹菜、上海洋白芹等。

## 39. 西洋芹菜有哪些优良品种?

西洋芹菜主要品种有：加州王、高犹他52-70、嫩脆、佛罗里达683、意大利冬芹、美国白芹等。

（1）加州王　植株高大，生长旺盛，株高80厘米以上。对枯萎病、缺硼症抗性较强。定植后80天可上市，单株重1千克以上，每亩产量可达7 500千克以上。

（2）高犹他52-70　株型较高大，株高70厘米以上，呈圆柱形，易软化。对芹菜病毒病和缺硼症抗性较强。定植后90天左右可上市，每亩产量可达7 000千克以上，单株重一般为1千克以上。

（3）嫩脆　株型高大，高达75厘米以上。植株紧凑，抗病性中等。定植后90天可上市，单株重1千克以上，每亩产量可达7 000千克以上。

（4）佛罗里达683　株型高大，高75厘米以上，生长势强，味甜。对缺硼症有抗性。单株重2千克以上，每亩产量可达7 000千克以上。

（5）意大利冬芹　植株生长旺盛，株高90厘米。单株重1千克以上，苗期生长缓慢，后期生长快。抗病、抗寒、耐热性较强，每亩产量可达6 500千克以上。

（6）美国白芹　植株较直立，株型较紧凑，株高60厘米以上。单株重0.8～1千克。保护地栽培时易自然形成软化栽培，收获时植株下部叶柄乳白色，每亩产量可达5 000～7 000千克。

## 40. 芹菜栽培的主要季节和栽培方式有哪几种？

芹菜可分为春季、夏季、秋季和冬季栽培。长江流域一般春芹菜以3月为适播期，5月中旬至6月中旬收获；夏芹菜在5月上旬至6月下旬播种，8～9月收获；秋芹菜在7月上旬至9月上旬播种，10～12月收获；冬芹菜于9～11月播种，12月至翌年4月收获。

芹菜栽培方式可分为露地栽培和保护地栽培两种，一般保护地设施有大棚、中棚、小拱棚以及遮阳网等。

## 41. 芹菜栽培如何进行种子处理？

种子质量应符合GB 16715.5—1999芹菜良种质量指标，即纯度≥92%，净度≥95%，发芽率≥65%，水分≤8%。

种子处理方法与步骤有如下：

（1）消毒　用48℃恒温水，在不断搅拌的情况下浸种30min，然后取出放在凉水中浸种。

（2）浸种　在凉水中浸种24小时。浸种过程中需搓洗几遍，以利吸水。

（3）低温催芽　将浸泡过的种子捞出，用清水搓洗干净，捞出沥净水分，用透气性良好的纱布包好，再用湿毛巾覆盖，放在15～20℃条件下催芽，当有30%～50%的种子露白时即可播种。

## 42. 伏芹菜播种育苗的技术关键在哪里?

芹菜喜冷凉湿润的环境条件，夏季栽培芹菜播种育苗要掌握以下技术要点：

(1) 低温催芽　先用清水浸泡种子 0.5 小时，捞出用清水冲洗，边洗边用手搓揉，搓开表皮，沥干水分，用湿纱布包裹，置于冷凉处（井水面以上 20～30 厘米或 5℃左右的冰箱中）4～5 天，期间每天都要取出用清水冲洗 1～2 次，保持种子湿润，种子露芽时即可播种。

(2) 荫棚育苗　选择阴天或晴天下午 3：00～4：00 时后播种，防止烈日高温，播后用遮阳网覆盖，搭设荫棚降温，创造冷凉条件。

(3) 及时间苗　出苗后要及时间苗，2 片真叶时进行第二次间苗，苗距 1.0～1.5 厘米，4 片真叶时进行第三次间苗，苗间距保持 3～5 厘米。每次间苗后浇一次小水。干旱时每天要浇水，雨季要加强排水防涝，追肥以少量多次为原则。

## 43. 芹菜栽培中的土壤耕作有哪些要求?

芹菜为浅根性，主要根群分布在土表 20 厘米处，特别是在密植、湿润的条件下根常露于地面，吸收范围小，不耐旱。保持土壤疏松，有利于芹菜增产增收。宜选保水力强，富含有机质的肥沃土壤种植。芹菜是高产蔬菜，需肥量大，尤其要求增施氮肥，以利茎叶生长细嫩。前茬作物收获后，及时翻耕，中等肥力土壤，每亩可施腐熟农家肥 2 000～3 000 千克、氮磷钾三元复混肥（15－15－15）40～50 千克。深翻 20 厘米，使土壤和肥料充分混匀，整细耙平，按当地种植习惯作畦。此外，芹菜对微量元素硼的需求量较多，土壤中缺硼或土壤干旱，温度过高、过低都会使硼元素的吸收受到抑制。因此，要加强土壤管理，在生长中后期用硼肥进行叶面追肥。

## 44. 伏芹菜的生产技术难关如何克服?

芹菜品种间耐热性差异较大，大多数品种在炎夏季节栽培表现不佳，黄叶多、死苗多、病害重。因此，芹菜夏季栽培要重点抓住以下几点：

（1）选择耐热、抗病、生长速度快的品种　可选择意大利夏芹、上农玉芹、佛罗里达683、新泰芹菜等品种。

（2）低温催芽，确保全苗　先用清水浸泡种子0.5小时，捞出用清水冲洗，边洗边用手搓揉，搓开表皮，沥干水分，用湿纱布包裹，置于冷凉处（井水面以上20～30cm或5℃左右的冰箱中）4～5天，期间每天都要取出用清水冲洗1～2次，保持种子湿润，种子露芽时即可播种。

（3）苗期搭设荫棚，抵御不良气候影响　伏芹菜从播种到移栽定植需要35～45天，这段时间正是暴雨频繁时期，因此搭设荫棚是芹菜夏季育苗成功的关键措施。一般距床面1.5米左右用秸秆等搭平棚遮阳，也可设立小拱棚覆盖遮阳网遮阳。

（4）适时定植　一般苗高10～13厘米，3～4叶时定植在用薄膜加遮阳网覆盖棚顶的大棚内，株行距10厘米×15厘米。定植方式有两种：①采收小株抢早上市的可每穴定植2～3株。②采收大株的每穴定植1株。定植后应立即浇定根水，以后视天气情况，于早、晚小水勤浇。

（5）及时补充肥水　芹菜整个生长期可分为幼苗期、外叶生长期、立心期、心叶肥大期等4个时期。由于定植时正值高温季节，芹菜生长缓慢，因此幼苗期和外叶生长期均以浇水、降温为主。处暑后，芹菜生长进入立心期，外叶由倾斜生长转向直立生长，此时可追施稀薄氮肥。由立心期转入

心叶肥大期前可重施一次氮肥，并用0.2%磷酸二氢钾叶面追肥2～3次。

(6) 加强病虫害防治　炎夏季节栽培的芹菜极易感染病虫害，主要虫害有蚜虫，病害有斑枯病、叶斑病、病毒病等。防治措施：要培育壮苗，播种前对苗床彻底消毒，定植后畦面应见干见湿；发现虫源及中心病株应立即采取防治措施，减少其为害。

## 45. 伏芹与秋芹在管理上有什么不同要求？

夏季栽培芹菜一般采用直播。先浸种催芽，播前先畦内浇水，水渗下后播种、覆土、加盖草帘或遮阳网等。出苗前要保持畦面湿润，2～3天浇一次小水，齐苗后，逐渐去除覆盖物。出苗后及时间苗，经2～3次间苗，使苗距在6～10厘米之间。雨季要加强排水防涝，追肥以少量多次为原则，每10～15天追肥一次。

秋季栽培芹菜一般采用育苗移栽。定植后10～15天的缓苗期，每隔2～3天浇一次水，保持土壤湿润，降低地温。缓苗后及时中耕，蹲苗6～8天，促进根系下扎和心叶分化。进入旺盛生长期，肥水要充足供应，收获前5～7天停止浇水。严寒来临前收获上市。

## 46. 芹菜的施肥如何掌握？

首先应施足基肥，一般应施用优质腐熟鸡粪1 500千克/亩，同时在生长期中适当追肥，这是芹菜高产优质的保证条件。追肥种类应以速效性氮肥为主，并注意磷、钾肥和生物有机肥的配合应用，做到轻肥勤施，小水常浇。

苗期：播种前将育苗床表土与肥料充分拌匀、耙细、整平。

出苗后10天左右追施一次速效性稀薄氮肥，当长出3～4片真叶时可追施一次磷钙肥。

大田：基肥在定植前7～10天深翻混入土中，晒白后耙平畦面，开定植沟。追肥，应勤施薄施，由稀薄逐渐加浓，宜用尿素和生物有机叶面肥，不用硝态、铵态氮肥以免伤根，降低产量和品质。

## 47. 芹菜易发生哪几种病害，如何防治？

芹菜易发生的病害主要有菌核病、斑枯病、叶斑病、细菌性软腐病、病毒病等病害。应采取综合防治措施：

（1）选用抗病品种，培育壮苗。

（2）实行轮作换茬制度，2～3年内不连作；加强各项栽培管理，做好田园清洁工作，收获后清除残株病叶。

（3）斑枯病、斑点病等病害的防治，除加强种子检疫工作外，还应进行种子消毒。栽培上采用48℃温水浸种30分钟，浸种时不断搅拌，浸后立即投入冷水中降温的方法进行种子消毒。

（4）加强清沟理墒，做好培土工作；雨后及时排水，降低土壤湿度，防止软腐病的发生。培土宜用生土，选晴天无露水时培土；注意避免各种操作引起伤口，减少感染机会。

（5）采用药剂防治：①菌核病发病初期喷洒40％菌核净可湿性粉剂1 000倍液，或50％速克灵可湿性粉剂1 000～1 500倍液，或50％扑海因可湿性粉剂1 000～1 500倍液，或70％甲基硫菌灵可湿性粉剂800倍液，或50％多菌灵可湿性粉剂500倍液防治。大棚、日光温室等保护地栽培，也可用10％速克灵烟剂或45％百菌清烟剂熏蒸，每亩用药量250克，8～9天一次，连熏2～3次。②斑枯病可用75％百菌清可湿性粉剂600倍液，或70％甲基硫菌灵可湿性粉剂800倍液，

或64%杀毒矾可湿性粉剂500倍液，或65%代森锰锌可湿性粉剂500倍液喷雾防治。大棚内也可用45%百菌清烟剂熏蒸，每亩用药量250克。③叶斑病发病初期喷洒50%多菌灵可湿性粉剂800倍液，或70%甲基硫菌灵可湿性粉剂500倍液，或77%可杀得可湿性粉剂500倍液。大棚等保护地栽培，也可用45%百菌清烟剂熏蒸，每亩用药量250克。④细菌性软腐病发病初期喷洒72%农用硫酸链霉素可溶性粉剂或新植霉素3 000～4 000倍液，或14%络氨铜水剂350倍液，或50%琥胶肥酸铜可湿性粉剂500～600倍液，隔7～10天一次，连续防治2～3次。⑤病毒病发病初期可用1.5%植病灵乳剂1 000倍液或25%病毒A可湿性粉剂500倍液，隔7～10天一次，连续防治2～3次。

## 48. 芹菜主要虫害怎样防治？

芹菜主要害虫有蚜虫、斑潜蝇、根结线虫等。蚜虫可用10%吡虫啉可湿性粉剂3 000倍液或50%抗蚜威可湿性粉剂2 000倍液喷雾。斑潜蝇可用50%潜克可湿性粉剂3 500～4 000倍液或1.8%阿维菌素乳油3 000倍液喷雾。根结线虫可在播种或定植时，每亩沟施或穴施10%力满库（克线磷）颗粒剂5千克。在生长期间也可用1.8%阿维菌素乳油1 000倍液灌根。

## 49. 西芹高产栽培的关键技术有哪些？

西芹高产栽培的关键技术有选择耐热、抗寒、抗病、优质、高产的品种；适时播种，浸种催芽、培育壮苗、合理密植，加强肥水管理；及时防治病虫害；适时采收。

西芹大棚地膜覆盖栽培

## 50. 芹菜日光温室秋冬栽培管理技术是哪些?

芹菜秋冬栽培：夏末秋初播种，冬季上市。日光温室秋冬栽培管理技术如下：

（1）扣棚前管理　移栽至恢复生长，大约有15天的缓苗期。这一阶段管理的主要任务是浇水，一般3～5天浇一次。缓苗后要控制浇水，结合中耕除草蹲苗7～10天，促进根系发育，给植株旺盛生长打好基础，蹲苗结束后，要追一次提苗肥，结合浇水，每亩追施尿素10～15千克或腐熟人粪尿800千克。当平均气温下降到20℃左右时，植株生长加快，要加强肥水管理，每隔5～7天浇一次水，追肥2～3次，有条件的可追施一次钾素肥料。

（2）及时覆盖　一般在10月中下旬即提前把棚架搭好，备好草苫，以防寒流突然袭击。当日平均气温降到10℃时，覆盖塑料薄膜。当夜间最低温度低于0℃时应在塑料薄膜上加盖草苫。一般上午9时揭苫，下午4时盖苫。遇阴冷天气可晚揭早盖，但不可不揭。在考虑防寒保温上，也要尽量使棚内多见一些光照，有利于促进芹菜健壮生长。一般白天保持在20～25℃，夜间13～18℃为宜。

## 51. 芹菜日光温室秋冬栽培怎样分期采收？

采收是否及时，对产量和品质都有较大的影响。劈叶太早，植株营养体小，虽然能提早上市，但产量低，下茬生长慢；劈叶太晚，造成下部叶老化，严重影响品质，同时也影响了心叶的生长。实践证明，当外叶长到高80厘米左右时是采收适宜时期。年前每隔25～30天劈收一次，每次劈收3～4叶，共劈1～2次。年后每隔10～15天劈收一次，每次劈2～3叶，共劈3～5次，一直到4月下旬后整株采收。每次劈收后，应及时追施速效化肥，通常每亩用尿素量为15～20千克。

## 52. 芹菜小拱棚秋延后栽培如何培育壮苗？

(1) 浸种催芽　芹菜种子细小，外面有一层厚的果皮和油腺，透气性和透水性都较差，发芽困难，一般发芽率只有50%～60%，夏季育苗发芽率更低，只有40%左右。芹菜新收的种子有3～4个月的休眠期，这一点对于秋芹菜育苗更应注意。

为了促进芹菜种子发芽，通常用50℃温水浸种，维持10～15分钟，然后再用清水浸种1～2天充分吸水膨胀。催芽期间温度不能过高，在15～20℃范围内发芽快。催芽期间经常翻动并结合清洗，每天用手搓种子，以便去掉油腺，这样经过7～8天种子即可出芽。此外，还可以用变温催芽法，即先在20℃以下保持16～18小时，然后在30℃以下保持6～8小时，交替3～4次能促进种子发芽，增加种子抗性。

（2）播种　小拱棚秋延后芹菜栽培一般于6月25日左右在大棚育苗。整好苗床，播种前浇足底水，将浸种催芽后的种子晾至半干，掺上适量的细沙子进行播种。每亩用种1千克左右，覆土1厘米，覆盖遮阳网遮阳保墒，4～5天浇一小水。出苗后及时揭除遮阳网，10天即可齐苗，齐苗后每隔7～8天浇一小水，保持苗床湿润。分苗前1～2天浇水，便于起苗。

（3）分苗床管理　首先整好地，施优质有机肥每亩用量5米$^3$左右。播种后25～30天即可在大棚内分苗。分苗要带土坨，密度5厘米见方，分苗后浇缓苗水。缓苗后浇水要严格掌握，缺水就溜浇一小水，切忌大水漫灌。

## 53. 芹菜小拱棚秋延后栽培管理关键技术是什么？

（1）适时定植　苗龄达65～70天时，即9月上旬将芹菜定植于小拱棚内。为了提高秧苗的成活率，可选择在傍晚或阴天进行定植。

（2）整地施基肥　每亩施基肥10米$^3$左右，深翻耙平整地整畦，南方多采用深沟高畦以利排水。定植时，西芹行株距为26厘米×17厘米，单株定植；本芹行株距12～13厘米见方，可采用双株定植，定植后浇足定根水。

（3）定植后管理　定植缓苗后及时进行中耕，降低土壤湿度，以后每隔10天左右浇一水，水量要适中，直到收获完。生长中后期要随水追施尿素或稀粪水，每亩每次尿素用量为20～25千克，同时要及时拔除杂草。

（4）覆膜及覆膜后的温度管理　10月上旬，小拱棚扣上薄膜，此阶段温度尚高，注意加大通风；遇雨时及时关闭通风口，严防雨水进入棚内。11月后，气温逐渐下降，应注意通小风，同时夜间温度低时可加盖草帘，要求白天温度控制在20～25℃，夜间控制在13～18℃为好。阴冷、雨雪天要小放风。12月上中旬进入收获盛期，拔起芹菜时用刀削去根，去除黄叶、烂叶，捆成5千克左右的捆即可上市。

## 54. 芹菜保护地春早熟栽培关键技术是什么？

利用保护地（大、中、小拱棚）进行芹菜春早熟栽培，可提前上市，又能充分利用春季的气候条件，实现优质、丰产、增收。

（1）选用适宜品种　由于春季早熟芹菜育苗期间和栽培前期处于冬春寒冷季节，易受低温影响而较早通过春化阶段，加之春季气温日趋升高，光照日渐加长，非常有利于芹菜植株的抽薹开花。所以，春早熟芹菜栽培宜选择冬性强、抽薹迟、品质好的实秆品种，如天津黄苗。

（2）培育适龄壮苗　春早熟栽培的芹菜最好采用保护地育苗，苗龄65天左右，于2月上中旬定植。这样，春早熟栽培芹菜的播种期为11月下旬至12月上旬，南方地区更早一些。为使芹菜出苗整齐，于播种前4～5天，对种子进行浸种催芽处理。播前苗床浇透底水，均匀撒播，覆土0.5厘米，盖严地膜，保持温度20～25℃，夜间不低于15℃。出苗后，白天温度控制在20℃左右，夜间以10℃左右为宜。幼苗1～2片真叶期进行间苗，苗距2～3厘米。待幼苗具4～5片真叶时，即可定植。

（3）合理定植　春早熟芹菜定植期较早，最好冬前每亩施优质腐熟厩肥2 000千克，深耕，精细做畦。畦宽可根据所用薄膜的幅宽确定，一般是1.2～1.5米（包括畦埂）。

定植前7～10天，要插拱架，盖薄膜，进行烤畦。小拱棚内10厘米地温稳定在5℃以上时方可定植。定植前，育苗床喷水，使土壤湿润，便于起苗。起苗时尽量少伤根多带土。本芹定植行距、株距各12～13厘米；西芹行距25厘米，株距20厘米。栽植宜浅，以不埋住心叶为宜，但应压实。随后，浇水并盖严薄膜，傍晚盖草苫。3月上旬定植的，不盖草苫。

(4) 定植后的管理　为促使芹菜快速生长，达到早收、早上市的目的，要尽量控制适宜的温度，并加强肥水管理。定植后缓苗前，一般不通风，保持稍高的棚温，促进缓苗。缓苗后，及时再浇一次水，地面见干后选晴天中耕2～3次，由浅渐深，以促进芹菜根系发育。定植后20天左右，芹菜开始迅速生长时，进行一次追肥，每亩施尿素10～15千克，施肥后随即浇水。此后，棚内温度白天保持在18～20℃，夜间以8～10℃为宜。草苫要尽量早揭晚盖，让植株多见光。进入3月上中旬，夜间可不盖草苫，白天要加大小拱棚的通风量。当白天气温已稳定在15～20℃，夜间最低气温不低于10℃时，薄膜可撤除。但须注意天气预报，有寒流到来时，注意覆盖保护。

(5) 病虫害防治　保护地春早熟栽培芹菜以防治病害为主。苗期病害主要有猝倒病、立枯病，植株生长期间病害主要有斑枯病、早疫病、细菌性叶斑病、菌核病等。采用综合防治的方法进行防治。化学防治可采用烟熏剂，或用70％甲基托布津、75％百菌清、64％杀毒矾以及72％农用链霉素等药剂进行防治。

(6) 采收　芹菜收获期不甚严格，株高达50～60厘米时，可根据市场需求适时收获。如果要利用同一套小拱棚设施安排喜温性果菜类蔬菜的早熟栽培，一般可于3月下旬至4月初开始收获。

## 55. 芹菜采收标准如何掌握？如何采收芹菜？

芹菜的采收期不严格，可根据长相和市场需要陆续采收上市，采收越早产量越低，最外层叶出现衰老迹象时为最迟采收时间。

芹菜可一次性采收，也可多次采收。多次采收分为隔行采收（未收获的植株可继续生长）和劈叶采收两种。劈叶采收，一般在

定植后60天、叶柄长约40厘米时，每株保留2～3片功能叶，将外层1～3片叶从基部5厘米处劈下上市。劈叶后5～7天内不宜浇水，防止伤口染病，同时适当提高温度，促进伤口愈合，加速生长。采收一般从12月份开始，15～25天采收一次，2月份后不再劈叶，待长大后整株采收上市。卫生要求应符合表4之规定。

**表4 无公害食品芹菜卫生要求**

| 序号 | 项目 | 指标/毫克/千克 |
| --- | --- | --- |
| 1 | 敌敌畏（dichlorvos） | ≤0.2 |
| 2 | 乐果（dimethoate） | ≤1 |
| 3 | 毒死蜱（chlorpyrifos） | ≤1 |
| 4 | 氯氰菊酯（cypermethrin） | ≤2 |
| 5 | 氰戊菊酯（fenvalerate） | ≤0.5 |
| 6 | 抗蚜威（pirimicarb） | ≤1 |
| 7 | 百菌清（chlorothalonil） | ≤1 |
| 8 | 铅（以Pb计） | ≤0.2 |
| 9 | 镉（以Cd计） | ≤0.05 |
| 10 | 亚硝酸盐（以$NaNO_2$计） | ≤4 |

注：根据《中华人民共和国农药管理条例》，剧毒和高毒农药不得在蔬菜生产中使用。

## 56. 如何进行芹菜的软化栽培?

芹菜经过培土软化栽培，可使食用部分薄壁组织发达，软白脆嫩，色泽佳，风味美，品质提高。此方法在我国北方地区运用较多，在南方地区，由于地下水位高，雨水较多，土壤中致病菌量大，应慎用。芹菜软化方法一般有两种：堆土软化法和自然软化法。

堆土软化法：一般在秋后采收前1个月进行，芹菜长到约33厘米高时开始分3～4次培土，于晴天无露水时进行。培土前要充分灌水，每次培土的厚度以不埋没心叶为度，最后培土总厚度为 17～20 厘米。操作时，不可损伤茎叶，避免因培土造成腐烂现象。

自然软化法：将芹菜按 10 厘米×15 厘米的株行距丛栽，每丛栽 3～4 株，在畦地周围培土约 20 厘米，用稻草或茅草做成草苫贴围四周，在封行前中耕 2～3 次，促进植株分蘖，叶片生长繁茂，尽早实现顶部封行，使叶柄在阴暗的环境中生长，达到叶柄软化的目的。

## 57. 芹菜设施栽培的关键技术有哪些?

芹菜设施栽培的关键技术是保温和通风排湿。不宜大水漫灌，防止土温下降引起根系发育不良，同时高湿引发病害。白天温度保持在 15～20℃，晚上 5～10℃，注意通风排湿。如果芹菜已达商品成熟期，为延迟上市期，抑制生长，可使最高温度不超过 12℃，最低温度不低于－3℃，在不受冻的情况下，晴天应早揭帘、晚盖帘，延长光照时间，适当降低空气湿度。如要赶在春节前上市，除适当早播外，也可视芹菜的生长情况，适当闷棚保温，促进芹菜生长。

## 58. 如何进行芹菜采后贮藏保鲜?

芹菜采后贮藏保鲜一般采用假植贮藏、冻藏、气调冷藏等方法。

假植贮藏：将带土采收的芹菜单株或多株（或成捆）直立栽于假植沟内，充分浇水，以后可视土壤湿度再浇水，沟顶盖草帘。经常检查质量，防止前期发热腐烂和后期受冻。

冻藏：在风障北侧建半地下式贮藏窖，在窖四周筑土墙，南墙中间每隔 1 米左右垂直留通风筒，直通窖底。在窖底挖通风沟

与各通风筒相通；在窖北墙的贴地表处，挖进风口，通入窖内。窖底铺高粱秸秆，上覆细土。将成捆芹菜，根朝下倾斜紧排在窖内，装满后再盖薄土。覆土后窖内温度保持－2～－1℃。出窖后，置于0～2℃的条件下缓慢解冻。

气调冷藏：将带3厘米短根的芹菜捆成小把，先在窖内－2～－1℃条件下预冷1～2天后装入塑料袋，每袋设通风孔调节袋内气体。然后入窖贮藏，保持窖温±0.5℃，空气相对湿度95%左右。

## 59. 芹菜如何包装、运输与贮藏？

（1）包装容器及包装要求　用于芹菜的包装容器应整洁、干燥、牢固，纸箱无受潮、离层现象；塑料箱应符合GB/T 8868的要求，牢固、透气、无污染、无异味，内壁无尖突物。每批芹菜所用的包装、单位净含量应一致。包装检验规则：逐件称量抽取的样品，每件的净含量不应低于包装外标志的净含量。

（2）运输要求　芹菜收获后应就地修整，及时包装、运输。高温季节长距离运输宜在产地预冷，并用冷藏车运输；低温季节长距离运输，宜用保温车，以保证产品的质量。运输工具应清洁卫生，防止产生二次无污染。运输时，严防日晒、雨淋，注意通风，防止产品质量下降。

（3）贮存要求　贮存温度宜保持在0～2℃范围内，空气相对湿度应保持在98%～100%。贮存期间应防止二次污染。

# 二、莴苣无公害标准化生产技术

## 60. 叶用莴苣标准化生产过程中应遵循哪些标准？

叶用莴苣无公害生产应按照《无公害食品　叶用莴苣生产技

术规程》(NY/T 5237—2004)执行，同时要遵循以下标准：《农药安全使用标准》(GB 4285)；《农药合理使用准则》(GB/T 8321，所有部分)；《肥料合理使用准则　通则》(NY/T 496)；《无公害食品　蔬菜产地环境条件》(NY 5010—2002)。设施栽培可采用塑料大棚、日光温室及遮阳网、防虫网。选择在地势平整、排灌方便、疏松、肥沃、保水保肥的沙壤土地块栽培。

## 61. 莴苣分几种类型？植株形态上有何差异？

莴苣有四个变种：

(1) 皱叶莴苣　叶深裂，叶面皱缩，不结球或有松散叶球，如花叶生菜、鸡冠生菜等。

(2) 直立莴苣　叶全缘或稍有锯齿，外叶直立生长，不结球或卷心呈圆桶形，如登峰生菜、红帆紫叶生菜、油麦菜等。

皱叶莴苣

直立莴苣

(3) 结球莴苣　叶全缘或有缺刻、锯齿，外叶展开，顶生叶形成叶球，叶球呈圆、扁圆形或圆锥形。较优良的品种有团叶生菜、泰安皱叶生菜、广州结球生菜、皇帝结球生菜、奥林匹亚、恺撒、马来克等。

(4) 茎用莴苣　也叫莴苣笋、莴笋，以肥大的肉质茎为产

品。根据叶片的形状分为两个类型：

1）尖叶莴笋：叶片先端呈披针形，叶面多光滑，节间较稀，肉质茎下粗上细呈棒状，苗期耐热，较晚熟。较优良品种有柳叶笋、紫莴笋、雁翎笋、南京青皮笋、上海大尖叶、渡口尖叶等。

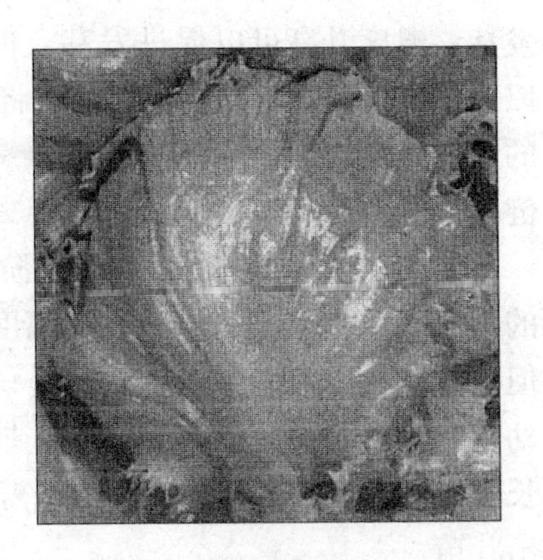

结球莴苣

2）圆叶莴笋：叶片顶部稍圆，微皱，节间较密，肉质茎的中下部较粗，上下两端渐细，较耐寒而不耐热，较早熟。较优良品种有鲫瓜笋、南京圆叶白皮等。

尖叶莴笋

圆叶莴笋

## 62. 莴苣对环境条件有哪些要求？

（1）温度　莴苣属半耐寒蔬菜，喜凉爽环境，稍耐霜冻，忌高温，在高温天气生长不良。在长江流域以南地区虽然可以露地越冬，但耐寒力随植株的长大而逐渐降低。种子在5～28℃均可

发芽，温度升高可以促进发芽，但超过30℃，则发芽受阻。所以，在高温季节里播种，播前要将种子进行低温处理，种子发芽的最适宜温度为15～20℃，需4～5天，在此温度下，幼芽生长健壮。

茎用莴苣在不同的生长发育阶段对温度的要求不同。幼苗期的生长适温为12～20℃，在此温度范围内，植株生长虽较缓慢，但苗体健壮，并能耐受－6～－5℃的低温。如处于较高温度下，幼苗生长虽旺盛，但容易徒长、抽薹。温度超过29℃，幼苗生长不良，所以在高温季节育苗，需要遮阳，降低温度，才能培育出壮苗。

发棵期（莲座期）适温为11～18℃，以白天15～20℃，夜间10～15℃为最适宜。肉质茎的肥大，也是在此温度范围最适宜。

茎用莴苣开花结实期的温度以22～28℃为最适宜，温度低于15℃，虽然能正常开花，但不能结实。

结球莴苣对温度的适应范围较窄，既不耐寒，也不耐热。结球莴苣在结球期间的生长适温为17～18℃，如气温在21℃以上就不能形成叶球。气温高，会使叶球内温度提高，易引起心叶腐烂坏死。

总之，对于温度的要求，结球莴苣比较严格，散叶莴苣次之，茎用莴苣适应性最广。

（2）光照　莴苣属于喜光作物，要求阳光充足，植株生长才健壮，叶片肥厚，嫩茎粗大。如果长时间阴雨连绵，或遮阳密闭，会影响叶片和嫩茎的发育。所以，莴苣栽培也要合理密植。莴苣为长日照植物，影响早抽薹的主要因素是长日照条件。在早、中、晚熟品种中，早熟品种最敏感，中熟品种次之，晚熟品种则比较迟钝。所以，秋莴苣栽培不能选用早熟品种。

（3）水分　莴苣对水分的要求比较严格。因为莴苣的叶片多，叶面积大，蒸腾量也大，所以耗水多，不耐旱。但是水分过

多且温度高时，又容易引起徒长。栽培莴苣时，幼苗期应保持土壤湿润，不要过干过湿，否则幼苗易老化或徒长。莲座期适当控制水分，使根系往纵深处生长。在莴苣茎部肥大或结球期，则需要水、肥充足，才能促进产品器官充分生长。如果这一时期缺少水分，则产品器官不能充分长大，苦味重，品质降低。在莴苣茎部肥大或结球后期，则需要适当控制水分，使产品器官生长充实，如果这个时期，供水、供肥过多，茎用莴苣容易裂茎，结球莴苣容易裂球，还会导致软腐病和菌核病的发生。

（4）土壤与营养　莴苣根的吸收能力较弱，而且根系对氧气的要求较高，所以莴苣栽培宜选择地势平坦，灌、排水方便，有机质含量丰富的壤土或沙壤土，并实行轮作，避免重茬，才能减轻病害的发生。

结球莴苣喜微酸性土壤，以 pH 6 的土壤条件下生长最佳，pH 小于 5 或大于 7 时生长不良。茎用莴苣对土壤酸碱度的适应性较广。

## 63. 茎用莴苣有哪些优良品种?

（1）南京白皮香　江苏省南京市地方品种。植株生长势强，叶簇大，每叶片节间密，叶片宽披针形，淡绿色，先端锐尖，叶面皱缩。茎皮淡绿白色，肉质青白色，品质好，香味浓，纤维少。早熟，抗霜霉病。每亩产量 1 250 千克左右。宜秋季播种，春季收获，做春莴笋栽培。

（2）南京紫皮香　江苏省南京市地方品种。植株生长势强，叶簇大，每叶片节间密，叶片宽大，呈披针形，青绿色，有紫色晕或全部紫红色，叶面皱缩。肉质笋短壮，长卵圆形，茎皮青色带紫色条纹。肉质绿白色，品质好。中晚熟，耐霜霉病。宜做春莴笋或秋莴笋栽培。

（3）南京圆叶白皮香　又名鸭蛋头。江苏省南京市地方品

种。植株生长势强，叶片宽大，呈长倒卵形，先端钝圆，淡绿色，叶面微皱。肉质笋粗短似鸭蛋，茎皮及肉色都是绿白色，嫩茎开始膨大较早，不开裂，产量高，品质好。抽薹比圆叶紫皮香晚10天左右。

（4）上海大尖叶　植株叶簇大，叶片宽，呈宽披针形，淡绿色，叶缘波状，叶面多皱，叶多而密。肉质笋肥大，茎皮白绿色，肉色浅绿。高产，抽薹迟，晚熟。

（5）上海大圆叶　植株叶簇大，株高约45厘米，开展度约28厘米。叶片宽大，长倒卵形，浅绿色，节间较密，叶面多皱缩。肉质笋粗大，长24厘米，粗5厘米，单笋重约350克。皮厚，茎皮白绿色，肉质绿白色，品质好，水分多，脆嫩汁多。中晚熟，抽薹迟，宜秋季播种后越冬，春季收获。

（6）成都挂丝红　又名洋棒锅笋。四川省成都市地方品种。植株生长势强，叶簇紧凑，株高约53厘米。叶片长倒卵形，尖端椭圆形，绿色，心叶边缘微红，叶面有皱褶，叶缘波状。茎皮绿色，叶柄着生处有紫红色斑块，单笋重500克左右。肉质绿色，脆嫩。春季花芽分化早，抽薹早，早熟。抗霜霉病能力弱。

（7）成都二白皮　四川省成都市地方品种。株高45～50厘米。植株叶簇小，叶片直立，呈倒卵圆形，尖端钝尖，基部宽平，浅绿色，叶缘微波状，叶面微皱，叶片的节间有稀密两种类型，稀的称二白皮稀节巴，密的称二白皮密节巴。肉质笋长圆锥形，笋粗皮薄，茎皮绿白色，肉质浅绿色，质脆，品质好。耐热，不易抽薹，适宜夏季露地栽培，也适宜其他季节栽培。

（8）科兴1号　四川绵阳科兴牌蔬菜开发有限公司开发的耐寒莴苣品种。耐寒能力特强，低温下肉质茎膨大较快。叶倒卵圆形，色泽绿，厚而稀。肉质茎粗大，皮脆嫩，茎肉青绿色，味香甜脆嫩，商品性极好。单株重1.3～1.6千克，每亩产量可达5 000千克。

(9) 科兴4号　四川绵阳科兴牌蔬菜开发有限公司开发的耐寒莴苣品种。耐寒能力特强，低温下肉质茎膨大较快，抗病性好。叶大披针形（尖叶），厚而鲜绿。肉质茎粗大，皮薄肉厚，香甜脆嫩，商品性极好。肥水管理适当，单株重可达1.5～1.8千克，每亩产量5 500千克以上。

(10) 鲫鱼笋　北京市地方品种。植株矮小，株高约30厘米，开展度约45厘米。叶片长倒卵形，浅绿色，叶面多皱缩，稍有白粉。肉质笋形状是中下部稍粗，两端渐细，似鲫鱼状，长16～20厘米，横径4～5厘米，单笋重约250克。茎皮浅绿白色，较薄。纤维较少，肉质浅绿色，质地脆嫩，水分多，品质好。耐寒，不耐热，早熟，从栽植到收获约50天，每亩产量1 500～2 000千克。适于早春保护地栽培。

(11) 柳叶笋　又称尖叶莴笋，北京市地方品种。植株生长势强，株高40～60厘米，开展度约45厘米。叶片较直立，披针形似柳叶状，黄绿色，叶稍皱，稍有白粉，叶背面蜡粉较多，节间短，叶缘浅波状。肉质笋长棒形，上端较细，长30～35厘米，横径5～6厘米，单笋重约500克。茎皮有白色、绿色两种，绿皮种略大些，皮厚，纤维多；肉质浅绿色，质地脆嫩，水分多，品质好，生、熟食均可，并能加工腌渍。耐寒，中晚熟，春栽不易抽薹，从栽植到收获60～65天，每亩产量2 500～3 000千克。适于春、秋季露地栽培。

(12) 雁翎笋　北京市地方品种。植株生长势强，株高60厘米，开展度40厘米。叶片披针形，上端尖，浅绿色，叶面有皱缩，叶片节间短。肉质笋梭形，长22～25厘米，横径约5.5厘米，单笋重400～600克。茎皮绿白色，皮薄，纤维少。肉质黄绿色，质脆，味甜，水分多，品质好。耐寒，耐热，抗病，中熟，从栽植到收获75～80天。每亩产量2 500～3 000千克。适于春、秋季露地栽培。

(13) 合肥尖叶鸭蛋笋　安徽省合肥市地方品种。植株生长势强，株高40～45厘米，开展度50～55厘米。全株叶片多，披针形，绿色或紫色，上半部平滑，下半部略有皱褶，先端尖，叶缘有浅缺刻。肉质笋长卵形，长40～42厘米，中下部膨大，形似鸭蛋，最宽处横径8～10厘米，茎皮绿白色，肉质浅绿色，肉质茎充分膨大时，中上部加粗，形似棒槌，单笋重500～750克。皮薄，肉质致密脆嫩，品质好。早熟，高产，耐热，耐寒，抽薹晚。春季栽培时每亩产量1 500～2 000千克，秋季栽培时每亩产量2 500～3 000千克。

还有一些地方品种，如湖南锣锤莴笋、云南苦马叶莴笋、兰州尖叶鸡腿笋、潼关铁杆莴笋、内蒙古鱼肚莴笋等。

## 64. 茎用莴苣的主要栽培季节和栽培方式有哪几种？

根据莴苣耐寒、喜凉爽、忌高温的特性，莴笋的栽培季节以春、秋二季为主，选用耐高温品种，在夏季也可栽培，加上春提前、秋延后栽培，可实现全年种植，四季供应。栽培方式有露地栽培、小拱棚栽培和大棚栽培等（表5）。

**表5　茎用莴苣周年生产布局安排**

| 栽培季节 | 播种期 | 定植期 | 采收期 |
|---|---|---|---|
| 春莴笋 | 9月下旬至10月 | 10月下旬至12月 | 3月下旬至4月 |
| 夏莴笋 | 1月下旬至2月上旬 | 3月下旬至4月上旬 | 5～6月 |
| 秋莴笋 | 8月上旬至下旬 | 8月下旬至9月中旬 | 9月下旬至12月下旬 |
| 冬春莴笋（保护地） | 9月上旬至下旬 | 10月上旬至下旬 | 2～3月 |

## 65. 莴苣对土壤耕作有何要求？

莴苣根系为直根系，侧根和须根发达，但分布较浅，吸收能

力较弱，同时根系对氧气的要求很高。因此，莴苣栽培宜选择地势平坦，灌、排水方便，有机质含量丰富的壤土或沙壤土栽培。定植前施足基肥，深翻后进行充分的晒垡或冻垡，并实行轮作，避免重茬，才能减轻病虫害的发生。

莴苣全生育期对氮的要求较高，幼苗期缺氮其叶片数减少，缺磷叶少而小，缺钾则导致叶球和茎笋显著减产。

结球莴苣喜微酸性土壤，以 pH 6.0 的土壤条件下生长最佳，pH 小于 5 或大于 7 时生长不良。茎用莴苣对土壤酸碱度的适应性较广。

## 66. 茎用莴苣的营养与施肥有什么特点？

莴苣对土壤营养的要求较高，其中对氮素营养的要求尤为重要，任何时期缺少氮素营养都会抑制叶片的分化，使叶片数减少，在幼苗期缺少氮素营养时，表现更为显著。幼苗期如果缺磷不但叶片少，而且植株小，生长量小，叶色暗绿，植株生长势差。任何时期缺钾，虽然不影响叶片的分化，但影响叶片的生长发育和叶片的重量。所以，在莴苣的结球期，或是茎的肥大期，在供给氮、磷养分时，还必须同时供钾，以维持氮、钾营养的平衡，使叶片制造的干物质能尽快输送到产品器官中去，才能获得较高的产量。如果氮素营养多，钾素营养少，则营养生长旺盛，使得外叶的生长呈现徒长，而养分运输到产品器官却受到阻碍，导致嫩茎生长瘦高，或叶球生长较小，严重影响莴苣的产量和质量。据研究，叶用莴苣氮、磷、钾吸收比例为 2.1∶1∶3.7，茎用莴苣氮、磷、钾的吸收比例为 2∶1∶3。

## 67. 莴苣种子特性及播种育苗有何特点？

莴苣的种子为瘦果，果实小而细长，梭形，黑褐色、银白色

或黄褐色。种子成熟后，顶端有伞状冠毛，可随风飞扬。所以，莴苣采种应在种子成熟前尚未飞散时进行，以免损失。种子千粒重 0.8～1.2 克。莴苣种子有休眠性，采种后播种即使在适温下也不能发芽，特别是未完熟的种子，休眠性更深。一般采种后需经 2 个月，种子完成休眠，发芽良好。但在高温下发芽不良，25℃以上种子仍被迫呈休眠状态，所以秋莴苣栽培，播种时处在高温时期，种子要进行低温处理，可大大提高发芽率。

## 68. 春莴笋高产栽培关键技术有哪些？

春莴笋主要是指隔年播种，翌年春季上市的莴笋。

（1）品种选择　莴笋的品种很多，应根据当地的气候、季节、品种特性及用途等，选择适宜的品种。早春供应的春莴笋，宜选用耐寒、早熟的品种，如北京鲫瓜笋、南京白皮香、上海小尖叶、杭州尖叶和重庆红莴笋等；晚春供应的春莴笋，宜选用不易抽薹、高产的中晚熟品种，如北京柳叶笋、紫叶笋、雁翎笋，南京青皮香、紫皮香、圆叶白皮香、上海大圆叶、上海大尖叶、杭州圆叶和重庆万年春等；加工用的宜选用合肥尖叶苔干、邳州尖叶苔干、涡阳秋苔干和潼关铁杆莴笋等。

（2）播种期　莴苣生长期间要求凉爽气候，苗期虽较耐寒，但进入茎的肥大期，就不耐寒，且忌高温炎热。莴苣的种子细小，所以都采用育苗移栽。莴笋肉质茎肥大期要求最适生长温度为 11～18℃，因此播种必须适时，具体时间随各地的气候和特点而异。如长江流域以南地区，莴笋可以在露地越冬，宜实行秋播，冬前定植，使幼苗于冬前缓慢生长时，正处于具有 6～8 叶，根系、叶簇生长比较健壮，积累了一定营养的生理状态下，就可以安全越冬，翌年春天土壤缓慢解冻时就可以提前复苏。在较低温度下，根系和莲座叶进行缓慢生长，则根深叶茂，叶簇健壮，积累的养分较多，肉质茎长的肥壮而脆嫩，供应春季蔬菜市场，一般早上市的价格较高，晚上市的价格较低。如果秋播太晚，冬前的生育期就短，苗小，积累的养分少，越冬时就容易受冻害，即使存活的苗，由于营养生长期缩短，叶簇少，积累的养分少，则嫩茎小，上市晚，产量低，价格也低。但如果秋播太早，延长了冬前的生长期，结果是苗体较大，花芽分化早，导致叶片数的分化少，翌年容易抽薹。如果冬前已经抽薹，植株在冬季就容易受冻害。

在露地不能安全越冬的地区，如北京、银川、兰州等地，则推迟到10月中下旬在冷床（阳畦）中播种育苗，或再推迟到1月中下旬在温室中育苗，翌年春暖再定植到露地。

（3）培育壮苗　春莴笋一般都采用育苗移栽。苗床选择保肥保水力强，疏松肥沃的壤土，先施腐熟的有机肥或人畜粪尿做基肥，一般每亩施有机肥1 500～2 000千克，或氮、磷、钾复合肥（15-15-15）30～50千克。莴笋播种宜采用湿播法，先浇水，水渗下后，撒干籽，然后覆盖细土，厚约0.5厘米。如果土壤墒情好，也可趁墒撒播干籽，然后浅锄，将种子锄入土中。

春莴笋秧苗如果细弱，定植后缓苗慢，冬前生长不良，抗病力差，是造成越冬死苗，产量及质量降低的重要原因之一。培育春莴笋壮苗，除一般要求外，特别要注意以下二点：

第一，播种量要适当。每亩育苗地，播种量0.6千克左右，苗床面积与定植面积之比约为1∶20。要及时间苗，一般在子叶展平及1～2片真叶时各间苗一次，苗距保持5厘米左右，使各个幼苗都能得到充足的阳光和营养，防止徒长，促使苗齐、苗壮。幼苗需要在阳畦或塑料棚中保护越冬的地区，可在幼苗长出3～4片真叶时分苗，苗距保持6厘米。

第二，育苗床在施足有机肥或复合肥后，苗期一般不再追施氮肥，同时要适当控制浇水，使土壤保持“见干、见湿”、“干干湿湿”状态，将秧苗培育成叶片肥厚平展、根系发达、根茎部较粗的壮苗。如果氮肥和水分过多，易形成细弱的徒长苗。

(4) 定植

1) 定植时间：莴笋在露地可以安全越冬的地区，应在越冬前定植，使根系发育良好，翌春返青后较快恢复生长，可提早上市，增加产量。如果播种期晚，定植时幼苗较小，或延迟定植，苗的素质差，幼苗还没有经过缓苗，就进入严寒冬季，就会造成较多死苗。

莴笋在露地不能越冬的地区，应在翌年大地解冻后，尽早定植，可使幼苗早缓苗、早生长、早发育。如果延迟定植，气温升高快，幼苗就会徒长，幼茎窜高，还会未熟抽薹，影响产量和品质。

2) 定植前的准备：主要是要施足基肥和精细整地。春莴笋从冬前定植到春季收获，生长期长达5个月左右，定植前应尽量多使用腐熟的有机肥，适当配施氮、磷、钾三元复合肥（15-15-15），一般每亩施有机肥2 000～3 000千克、复合肥（15-15-15）30～50千克。越冬前定植的，在定植前10～15天全层耕翻施入土中；越冬后定植的，可在冬前施入土中。整地质量的好坏，关系到幼苗能否安全越冬。整地粗放，田间土块多，定植后土壤与根系间有缝隙，冬季冷空气直接侵袭根部，易发生冻害造成缺苗。春莴笋可以露地越冬的地区，最好采用高垄栽培，做成东西方向延长的高垄，定植时将苗栽在垄的南侧基部，由于垄的南侧土温较高，栽苗后幼苗恢复生长较快，根系发育好，越冬期间死苗少，而且可较一般平畦栽培的提早10天左右上市。

3) 正确掌握定植技术：从苗床中挖苗时，尽量带土坨，主根需留6～7厘米长，主根留得太短，栽植后发生的侧根少，影响缓苗及缓苗后植株的生长；主根留的太长，栽苗时根弯曲在土壤中，也影响侧根的生长及苗的生长。栽苗的深度根据定植的气候情况灵活掌握。冬栽的应比春栽的稍深。冬栽时，应将根茎部埋入土中，但不能埋住茎的心叶和生长点，然后将土压紧，使根系和土壤密接，便于发根。栽时土壤墒情好，定植时可少浇水，

栽植后的幼苗在土壤湿度和温度适宜的条件下能很快发出新的根系，经缓苗后开始生长。

幼苗定植时应挑选生长健壮，叶片数适宜，一般为5片真叶左右，叶色正常，无病虫害的幼苗栽植。要将大、小苗分开栽植，便于以后的管理和收获。并要淘汰细高、徒长、叶少、有病虫害的幼苗。

（5）加强田间管理　冬季定植和春季定植的春莴笋应根据不同的生育进程及不同的气候特点，确定田间管理的中心任务。越冬前定植的莴苣，田间管理可分为越冬期和返青期二个阶段。

1）越冬期的田间管理：主攻目标是使莴笋形成发达的根系和健壮的叶簇，增强幼苗的抗寒能力，确保安全越冬。莴笋的主根被切断后容易发生大量侧根。缓苗后轻浇一次肥水，促进叶数的增加及叶面积扩大，然后中耕，控制浇水，进行蹲苗，使莴笋形成发达的根系和莲座叶。如果浇水过多，幼苗徒长，耐寒力减退，容易发生冻害，而且翌年春季肉质茎肥大慢，造成肉质茎细而长。

2）返青期间的田间管理：主攻目标是正确处理叶部生长和肉质茎肥大的关系，确保稳长防窜长。

返青后，叶部生长占优势，这时要多中耕保墒，提高地温，促使叶面积扩大，叶片变厚，叶色变深，为肉质茎肥大积累营养物质。如果刚返青，而急于浇水，则使地温下降，植株心叶发黄，叶面积增长慢，叶片薄，茎部在没有发粗之前就向上伸长，产生“窜苗”现象。另外，早春气候变化大，如果浇水以后遇寒流降温，返青后生长的叶片也易受冻害。

当植株的叶片充分生长，茎部开始迅速膨大时，要进行追肥。如土壤墒情好，可以进行穴施而不浇水，如果土壤偏干要以肥带水进行浇施，一般每亩施尿素10～15千克，氯化钾7.5～10千克。在莴笋肉质茎肥大期间要十分注意和重视土壤的水分，不要使土壤忽干忽湿；而要经常保持土壤呈湿润状态，不仅能使肉质茎迅速肥大，而且肉质茎不易开裂。采收前7～10天停止浇水和追肥，以防肉质茎开裂。

（6）适时采收　莴笋最适宜的收获时间是当莴笋主茎顶端的生长点和最高叶片的叶尖相平时。

## 69. 秋莴笋栽培关键技术有哪些？

秋莴笋是指在夏、秋季播种，当年秋冬季上市的莴笋。秋莴笋的播种育苗期正处于高温季节，昼夜温差小，夜温高，呼吸作用强，养分消耗多，幼苗易徒长，同时在高温长日照条件下，顶端迅速分化花芽而抽薹，因此能否培育出“盆子式”的壮苗及防止未熟抽薹，是秋莴笋栽培成败的关键。秋莴笋栽培技术要点如下：

（1）品种选择　种植秋莴笋，必须选择耐热，对高温、长日照反应迟钝，不易抽薹的中、晚熟品种，如南京紫皮香、成都二青皮、成都二白皮、北京雁翎笋、云南苦马叶等品种。早熟品种一般花芽分化早，抽薹快，不宜用作秋莴笋栽培。如果错用早熟品种，会造成绝收或产品没有商品价值。

（2）播种期　秋莴笋栽培对播期的要求很严格。播种过早，幼苗经历较长时期的高温、长日照环境，茎部尚未发粗，苗顶端就分化花芽，花薹迅速伸长，形成细而长的笋茎，失去商品价值；播期太晚，虽然不容易“窜”长，但生长后期温度低，肉质茎不能充分肥大，产量低，不能获得应有的效益。

秋莴笋由播种到采收一般需要3个月，适宜秋莴笋茎叶生长的适温期是在月平均气温下降到21℃左右以后的60天内，苗期一般为30天。所以，播种期以安排在月平均气温下降到21℃左右时的前一个月比较适宜。

（3）培育壮苗　莴笋种子发芽的适宜温度为15～20℃，温度在23℃以上时，发芽迟缓，发芽率降低；在30℃以上的高温下发芽困难。而秋莴笋播种时的温度一般在30℃以上，因此播前必须进行低温催芽处理。其方法是：将种子放入纱布袋，在水中浸种2～5小时，然后用清水冲洗干净，除去浮在水面的瘪子，再将种子用纱布包好放入冰箱的冷藏室内，在4～5℃的低温下处理36小时，再用清水冲洗一次，然后将种子摊开放在阴凉通风处，上盖湿纱布保湿，在自然温度下催芽，一般经12～20小时即可露白，发芽后移至有散射光的阴凉通风处进行“炼芽”，注意洒水保湿，防止嫩芽干枯。“炼芽”3～4小时后，胚根出现淡绿色即可播种，经过“炼芽”的种子，播种后出苗快而整齐。

苗床应选土质疏松、排灌方便的地块，提早耕翻晒垡，用腐熟的人畜粪尿作基肥，精细整地后筑畦。播前先浇足底水，于傍晚撒播种子，种子播完好再洒一次水，使种子与土壤密接，有条件的可覆盖一层过筛的腐熟有机肥，覆盖厚度以遮住种子为宜。莴笋种子在25℃以上的温度下，见光对发芽有利，所以覆土要薄。每平方米苗床播种1.5克左右，为使种子播得均匀，可拌适量的湿润黄沙后播种。为降低苗床温度和保湿，可搭荫棚或覆盖遮阳网，既可防烈日暴晒和大雨冲刷，又可降低土温和保持土壤湿润，有利于出苗和幼苗的生长。齐苗前每天早、晚浇水，以便保持土壤湿润，齐苗后当土壤表面发白后再浇水，同时苗出齐后要逐渐缩短遮阳的时间，当幼苗长出2片真叶后，就不再遮阳。

当幼苗长出1片真叶后开始第一次间苗，2～3叶期再间苗一次，使苗距保持4～5厘米。每次间苗后轻浇一次水，结合浇水追施一次氮磷钾复合肥，每亩每次用氮、磷、钾三元复合肥（15-15-15）5～10千克。

（4）定植　秋莴笋的前茬作物收获后，立即清园、施肥、翻耕、整地、做畦，等待定植。秋莴笋在前期气温较高条件下，生长发育快，底肥必须充足，才有利于植株的生长发育，一般每亩施腐熟农家有机肥2 000～3 000千克，并施用氮、磷、钾复合肥（15-15-15）30～40千克，充分耕翻，使土、肥相融，做畦后待栽。

秋莴笋苗龄以25～28天，有4～5片真叶时定植最适宜，如苗龄太大，幼苗在床中徒长，定植后缓苗慢且易“窜”长。

挖苗前一天傍晚要浇足水，以利挖苗时根部带土块，定植后活棵快，成活率高。在挖苗的同时，严格选苗，选择外形成“盆子式”、叶片肥厚、短缩茎没有伸长、叶色正常、根系发达的健壮苗，在阴天或晴天下午3时以后栽苗。由于秋莴笋生长期较短，可以适当密植，株行距各30厘米，每亩栽植6 000～7 000株较为适宜。

（5）田间管理　定植后即浇定植水，如晴好天气，土壤干旱要勤浇水，促进早活棵，栽后的初期由于气温仍较高，浇水时间应放在早上或傍晚，避免土温的急剧变化而伤苗。

秋莴笋生长期较春莴笋短，生长速度快，生长量也大，必须及时浇水与追肥。缺水、缺肥是秋莴笋“窜”长的一个重要原因。在基肥施足的情况下，苗期、莲座期以补充土壤水分为主，每次浇水后或下雨后，只要叶片没有封行，就要进行浅锄，以利土壤通气和保墒。当茎基部开始膨大时要施一次肉质茎膨大肥，一般每亩施NPK复合肥（15-15-15）15～20千克，加尿素5千克，氯化钾5千克，促进肉质茎肥大，以后不再追肥，但要保持土壤湿润。如若追肥过迟，量过大，往往引起肉质茎裂口。

解决秋莴笋未熟抽薹，除了从栽培管理技术方面采取综合措施外，使用生长调节剂也是一个有效措施。一般在莴笋茎部开始膨大时，用0.6%～1%的矮壮素叶面喷施1～2次，可抑制肉质茎纵向伸长，促进横向加粗，推迟抽薹，有效地防止未熟抽薹，单笋重可增加40～60g，增产15%以上。但应严格掌握药液浓度、使用时期及次数

## 70. 大棚莴笋春早熟栽培如何育苗?

春莴笋育苗期根据各地的气候条件和具体的育苗方法不同，

育苗时间长短有较大差异。但都应做好种子处理工作。精细整地后，先浇足底水后播种，每平方米播籽 3 克左右，播种后覆土 0.5 厘米。当少量种子出土时，再覆土一次，厚 0.2～0.3 厘米，这样有利于提高地温，促壮苗和出齐苗。当外界最低气温下降到 4～5℃时，夜间需要覆盖薄膜保温。整个苗期的温度管理以 15～20℃为宜，超过 25℃时要及时放风换气，否则幼苗易徒长，影响培育壮苗。播种后 30～40 天，当幼苗达 3～5 叶时分苗于改良阳畦中，行株距为 8～9 厘米。分苗时可先按 8～9 厘米行距开沟浇水，再放苗埋土。分苗后，适当提温促缓苗。缓苗后白天 20℃左右，夜间温度 5～6℃即能安全越冬。定植前一周要浇水，起苗、囤苗待定植。

## 71. 大棚莴笋春早熟栽培定植及栽培管理方法有哪些？

大棚春莴笋一般在 2 月中旬左右定植，整地时每亩施腐熟有机肥 3 500 千克和复合肥 40 千克，翻地整平做畦，也可做成小高畦覆盖地膜。定植前 20～30 天扣棚烤地，当棚内 10 厘米地温稳定在 5℃时定植，行距 30 厘米，株距 20 厘米，栽后随即浇水。

（1）温度管理 莴笋喜冷怕热，缓苗后，中午适当通风，棚内温度控制在 22℃左右，超过 25℃茎易徒长，影响产量和品质。

（2）水肥管理 大棚莴笋易徒长，要严格控制浇水。定植水后，中耕 2～3 次，进行蹲苗。茎部开始膨大时，浇水追肥一次，每亩追硫酸铵 20～25 千克。此后应保持土壤湿润，适当控水，防止茎部开裂。但也不能控水过度，造成高温干旱，易使植株生长细弱、抽薹。

大棚早熟春莴笋可在 3 月中、下旬开始收获，供应春淡季市场。

## 72. 如何利用塑料大棚进行莴笋秋延后栽培?

莴笋的保护地栽培的主要目的是使莴笋能达到春提前、秋延后供应市场，最好能在元旦至春节二大节日期间供应市场，定能获得显著的经济效益。要使莴笋能在元旦至春节上市，则必须采取大棚保护地栽培。其栽培的技术要点如下：

（1）品种选择　选用耐寒力特强，低温下肉质茎膨大较快，抗病性好，质优，丰产的品种，如科兴1号、科兴4号、正兴6号等品种。

（2）播种期　大棚保护地栽培的最佳播期，处在当地秋莴笋最佳播期与春莴笋最佳播期之间，如长江流域上海、苏州、无锡、常州地区，秋莴笋最佳播期为8月20日左右，春莴笋最佳播期为9月30日左右，则大棚保护地栽培的最佳播期为9月10日左右，此时播种，配合科学地调控大棚小气候，可确保莴笋在元旦至春节期间供应上市。

（3）育苗　育苗技术参照秋莴笋育苗。由于气温已有所降低，较秋莴笋育苗更容易培育优质壮苗。

（4）定植　施肥、整地参见春莴笋栽培，定植参照秋莴笋栽培。

（5）定植后的管理　大棚保护地栽培，成功的关键是科学调控大棚中的小气候。多年栽培的实践证明，有的菜农由于只片面地考虑提高大棚温度，白天少通风，甚至不通风，其结果是霜霉病十分严重，不仅产量低，品质差，甚至失去商品价值。

大棚保护地栽培科学调控小气候的具体做法为：

及时覆盖大棚膜。覆盖大棚膜的时间一般为见初霜后7～10天，使莴笋植株能在较低的温度下得到锻炼，增强抗寒能力。长江流域一般在11月下旬。

莴笋的叶片对空气湿度比较敏感，空气湿度高，叶片容易发

病，空气湿度低就不易发病。因此，在注意大棚保温的同时要十分注意大棚中的空气湿度。作为大棚栽培，在冬季夜间保温是必须的，因此在夜间大棚内的空气湿度是高的，而白天则必须加强通风，以降低大棚内空气湿度。不仅大棚的进出口要通风，而且二边也要开适度的通风口，通风时间要长，每天至少达 6～8 小时。白天加强通风，晚上注意保温，是大棚莴笋栽培成功的最关键性措施。

## 73. 茎用莴苣主要病害如何防治？

茎用莴笋的主要病害有霜霉病、病毒病。

（1）霜霉病

1）症状：幼苗、成株均可发病，以成株受害重，主要为害叶片。病叶由植株下部向上蔓延，最初叶上生淡黄色近圆形或多角形病斑，潮湿时，叶背病斑长出白霉即病菌的孢囊梗和孢子囊，后期病斑枯死变为黄褐色并连接成片，致全叶干枯。

2）病原菌、传播途径与发病条件：病原菌为莴苣盘梗真菌。在南方气温高的地区，无明显越冬现象。在北方，以卵孢子随病残体在土壤中越冬，或以菌丝体在秋播莴苣或菊科杂草上越冬，或在种子上越冬，翌年产生孢子囊，借风雨或昆虫传播。从植株的气孔和表皮侵入。孢子囊萌发的适温为 6～10℃，侵染适温为 15～17℃。在多雨、气温低、过度密植、浇水过多、土壤及空气湿度过大，或排水不良的地块易发病。

3）防治方法：一是选用抗病品种。凡根、茎、叶带紫红或深绿色的表现抗病，如南京紫皮香、南京青皮臭、成都尖叶子等较抗病。二是加强栽培管理。合理密植，注意排水，降低田间湿度；收获后清洁田园，实行 2～3 年轮作。三是药剂防治。发病初期用 58%甲霜灵可湿性粉剂 500 倍液或 40%乙磷铝可湿性粉剂 200 倍液，或 64%杀毒矾可湿性粉剂 500 倍液，隔 7～10 天喷防一次，连续防治2～3次。为减少蔬菜中农药残留量及延缓害虫对农药的抗性，每种农药在当季蔬菜中只使用一次。

(2) 病毒病

1) 症状：整个生育期均可发病。苗期发病，出苗后半个月即可显示症状。第一片真叶染病时，出现淡绿或黄白色不规则斑驳，叶缘不整齐，出现缺刻。二、三片真叶染病，初现明脉，逐渐发现黄绿相间的斑驳或不太明显的褐色坏死斑点及花叶。成株染病症状有的与苗期相似，有的细脉变褐，出现褐色坏死斑点，叶片皱缩，叶缘下卷成筒状，植株矮化。采种株染病，病株抽薹后，新生叶呈花叶状或出现浓淡相间绿色斑驳，叶片皱缩变小，叶脉变褐或产生褐色坏死斑，致病株生长衰弱，花序减少，结实率下降。

2) 病原、传播途径及发病条件：国内已知有3种，即莴苣花叶病毒、蒲公英黄化叶病毒和黄瓜花叶病毒。毒源来自田间越冬的带毒的莴笋、生菜或种子。播带毒的种子，苗期发病，在田间通过蚜虫或汁液接触传染。该病发生和流行与气温有关，日均温18℃以上，病毒扩散迅速。

3) 防治方法：一是选用抗病品种，采用无毒种子。紫叶型莴苣种子的带毒率比绿叶型低。二是适期播种，播前、播后及时铲除田间杂草。三是及早防治蚜虫，减少传毒。有条件的可采用银灰色防虫网，防蚜危害。四是发病初期喷20%病毒A可湿性粉剂500倍液，或抗菌剂1号水剂300倍液，或83增抗剂100倍液，隔10天左右一次，连喷3～4次。

## 74. 茎用莴苣的采收标准是什么？如何分级？

适时采收是获得秋莴苣优质高产的重要技术措施。秋莴笋收获的最适宜时间是当莴笋主茎顶端的生长点和最高叶片相平时，为采收适期。这时肉质茎已充分肥大，产量高，品质最佳。收获

太早，肉质茎细，产量低；收获过迟，茎皮增厚，花茎伸长，纤维增多，肉质变硬且中空，品质下降。

（1）一级标准　粗细均匀；无裂痕；直径6厘米以上。

（2）二级标准　粗细均匀；允许有轻微的裂痕；直径4厘米以上。

（3）三级标准　允许粗细不均匀；允许有少量裂痕；其他要求达不到一级、二级标准。

## 75. 叶用莴苣（油麦菜）有哪些优良品种？

（1）直立莴苣　叶片全缘或稍有锯齿，狭长而直立，形状为长倒卵形，叶色深绿至黄绿色，叶面平滑或稍有皱褶，一般不结球，或结成圆筒形、圆锥形的较松散的叶球，食用部位主要是叶片和松散的叶球。欧、美国家栽培较多。

1）牛利生菜：广东省地方品种。叶簇较直立，株高28～35厘米，开展度30～35厘米。叶片倒卵形，黄绿色，叶缘波浪状，叶面稍皱，心叶不抱合。单株重300～350克，生长期65～80天。耐寒，不耐热，耐贫瘠，抗性较强，品质稍差。每亩产量2 000千克左右。华南地区适宜播期8月至翌年2月。

2）宜宾香生菜：四川省地方品种。叶片椭圆形，绿色，中肋全绿色，叶片深裂，叶面微皱。早熟，耐寒、耐热，品质优良。可四季栽培，多于春、秋季进行短期栽培。幼苗8～10叶时可采收上市。单株重约100克。

3）岗山沙拉生菜：又称沙拉生菜或奶油生菜，引自日本。叶片肥大，浓绿色，全缘，外叶长到12～15片叶时，顶生叶开始抱合，形成松散的圆筒形叶球。质脆嫩，口味好。极早熟，耐热，抽薹晚，可以周年栽培。

4）帕里伊莎兰：美国品种。叶簇直立，株高20～25厘米。叶片大而薄，外叶绿色，中肋白色，叶缘波浪状，叶面微皱，外叶至内叶的叶片色泽由深绿、浅绿、白绿至奶油色。质地脆嫩，品质好。耐病毒病、顶烧病，抽薹晚。从播种至收获约70天。

（2）皱叶莴苣　又称花叶莴苣。叶面皱褶，宽扁圆形，开展度大，叶色有绿、黄绿、紫红黄绿相间的花叶等。一般不结球，或顶生叶能抱合成松散的小叶球，腋芽多，易抽薹，不耐贮运。叶色鲜艳，叶形美观，是冷盘、拼盘的好原料。

1）东山生菜：又称软尾生菜，广东省地方品种。株高约25厘米，开展度约27厘米。叶片较薄，近圆形，嫩绿色，有光泽，叶缘波状，叶面有皱褶，疏松旋叠。不结球，或顶生叶略抱合。单株重200～300克。该品种耐寒，不耐热，从播种到收获约80天。适于春、秋季露地栽培，每亩产量2 000千克左右。

2）绿波生菜：沈阳市农业科学研究院选育。叶簇半直立，株高25～27厘米，开展度27～30厘米。叶片肥大，卵圆形，深绿色，叶面皱缩，叶缘波状，心叶不抱合。该品种耐寒、耐热，从播种到收获80～90天。单株重500～1 000克，每亩产量1 500～2 000千克。适于北方春季保护地栽培。

3）意大利耐抽薹生菜：从意大利引进品种。叶近圆形，叶片厚，叶面微皱，绿色，叶缘波状。生长期60～80天。耐热、耐寒，夏季种植不易抽薹。叶质软，品质中等。全年可种植。每亩产量2 000～3 000千克。

（3）结球莴苣　叶丛较密，叶面光滑或微皱缩，外叶开展，叶片大，绿色或黄绿色，全缘或有锯齿，顶生叶抱合成扁圆形或圆球形的叶球。结球莴苣有脆叶型和软叶型两种类型。脆叶型叶面微皱，质脆爽口，叶片叠抱，叶球大而紧实，产量高，耐贮运，不易散球和抽薹。软叶型叶片光滑，质地柔嫩，顶生叶抱合成松散小球，容易散球和抽薹。结球莴苣表现较好的品种有以下几种。

1）玻璃生菜：广东省地方品种。脆叶型。株高约25厘米，开展度约27厘米。叶簇生，外叶近圆形，较薄，黄绿色，有光泽，叶缘波状，叶面皱缩，心叶抱合，叶柄扁宽，白色，叶球近

圆形，单球重 200～300 克。该品种中熟，生长期 70～80 天。耐寒，不耐热，易感染菌核病。品质嫩脆，纤维少，品质上佳。每亩产量 2 000～2 500 千克。

2）阿斯特尔：引自荷兰。脆叶型。株高约 22 厘米，开展度约 43 厘米。外叶绿色，光亮，微皱。叶球扁圆形，浅绿色，包球紧，单球重约 500 克。品质优良，中熟，耐热、抗病。每亩产量约 3 000 千克。从栽种到收获约 50 天，适宜做耐热品种栽培。

3）皇帝：引自美国。脆叶型。株高约 19 厘米，开展度约 15 厘米。外叶扇形，绿色，叶面有皱褶，叶缘波状。叶球高圆形，浅绿色，单球重约 400 克。品质优良，每亩产量约 2 000 千克。该品种早熟、抗病、耐热、适应性广，从栽种到收获 45～50 天。在夏季也能生长，适合春、秋季露地栽培及越夏遮阳栽培。

4）太湖 366：引自日本。脆叶型。生长势强，株高约 24 厘米，开展度约 44 厘米。外叶翠绿色，叶面微有皱褶，叶缘波状。叶球近圆形，浅绿色，单球重 550～700 克，脆嫩爽口，品质优良。每亩产量约 3 000 千克。该品种耐热、耐湿、抗病，从栽种到收获约 50 天，可做中熟品种栽培。适于北方春、秋露地及保护地栽培。

## 76. 叶用莴苣周年生产如何安排茬口？

根据叶用莴苣对环境条件的要求，主要栽培季节为春、秋二季。近年来，利用保护设施栽培叶用莴苣，已基本做到分期播种，周年供应（表 6）。

**表 6　长江流域叶用莴苣分批播种周年供应表**

| 栽培季节 | 播种期 | 定植期 | 收获期 | 栽培方式 |
| --- | --- | --- | --- | --- |
| 春茬 | 9 月下旬至翌年 2 月下旬 | 10 月下旬至翌年 3 月下旬 | 1～5 月 | 露地或保护地育苗，地膜覆盖栽培或大、中、小棚栽培 |

（续）

| 栽培季节 | 播种期 | 定植期 | 收获期 | 栽培方式 |
| --- | --- | --- | --- | --- |
| 夏茬 | 3月上旬至4月下旬<br>4月下旬至6月下旬 | 4月上旬至5月上旬<br>5月下旬至7月下旬 | 5月中旬至6月中旬<br>7月中旬至9月中旬 | 露地育苗及定植；露地或保护地育苗，防雨棚或防雨棚加遮阳网栽培 |
| 秋茬 | 8月上旬至8月下旬 | 9月上旬至下旬 | 10月中旬至12月上旬 | 露地育苗及定植 |
| 冬茬 | 9月中下旬 | 10月中下旬 | 12月下旬至翌年1月 | 露地育苗，大棚或中棚及小棚栽培 |

## 77. 叶用莴苣施肥的特点是什么？

叶用莴苣多育苗栽培，5片真叶时定植。定植前施足基肥，一般以有机肥、全部磷肥和1/2钾肥作基肥，撒施后耕耙整地作畦。

叶用莴苣定植后，一般需追肥3次，以速效氮肥为主。结球莴苣定植后5～6天即缓苗后追施速效氮肥，以促进叶片和根系的生长。第二次追肥宜在结球初期，这一时期追施氮肥和余下的钾肥，以促进叶球的生长。第三次追肥在结球中期，追施速效氮肥，防止外叶衰老，促进叶球充实膨大。

## 78. 叶用莴苣无土栽培技术？

（1）育苗　采用育苗盘（60厘米×25厘米）播种，以蛭石作基质。直播或浸种冷室催芽2天后播种均可。播种前先将育苗盘洗刷干净，然后在底部铺一层报纸，装入蛭石，高度一般距育苗盘上沿0.5厘米左右，用喷壶浇透基质，用直尺刮平基质面，最后将生菜种子均匀撒播。播种结束后用细蛭石覆盖，厚度约0.5厘米，整平表面，铺一层报纸，用喷壶向报纸均匀洒水，待

蛭石吸足水后取下报纸。蛭石质地较轻，直接浇水容易冲乱种子或露籽。播种量一般为 9 克/米$^2$，可育 9 000～13 000 株幼苗。

发芽出苗期间，因为蛭石具有良好的保水性，所以一般从蛭石吸足水后到出苗为止基本上不需要再补充水分。温度保持在 15～22℃为宜，气温过高，生菜种子发芽困难，可将育苗盘放在阴凉处促进种子发芽，冬季可在温棚内进行。生菜出苗后要及时见光，以防幼苗徒长，但切忌将育苗盘放置于强光下，否则幼苗容易萎蔫枯死。育苗期间，营养液（山崎肯哉配方，1/2剂量）浸灌每周一次，一般 3～4 次即可。由于生菜幼苗茎秆细弱，叶面喷施营养液易使幼苗倒伏，一般用浸灌法为宜：将育苗盘水平放置于营养液中，注意营养液深度不能超过育苗盘高度，让营养液从育苗盘底部慢慢渗入，直至饱和为止，取出育苗盘。若遇高温或基质过干，可用微型喷雾器叶面喷洒补充水分。

（2）定植及定植后管理

1）定植：幼苗具 4～5 片真叶时为定植适期。秧苗过小，定植困难，成活率低；秧苗过大则根系相互缠绕，易损伤叶片。定植前 1 周应根据苗情适当控制基质水分，一方面可使蛭石松散，便于取苗，另一方面有利于促进根系的发育。起苗时应防止损伤

叶用莴苣水培示意图

根系，将小苗与基质一起取出，放入清水中浸洗，同时轻轻抖动洗去蛭石，即可将幼苗定植于栽培床盖板定植孔上。

2）水位管理：营养液水位的高低应根据生菜根系生长状况来进行调节。定植初期，由于秧苗小，根系不发达，因此水位要高，以距离盖板0.5～1.0厘米为宜。在适宜条件下，随着根系不断生长，水位应逐渐下降。定植2周后，当植株根系长达15厘米以上时，应将水位降至3～5厘米的深度，以利于根系和植株的生长发育。若水位过高或管理不当，植株根系会出现根毛少，色泽暗黄，即根系因缺氧而生长不良，严重影响作物生长发育。

3）营养液管理：营养液的EC值、pH是营养液管理的两个重点。生菜营养液的EC值一般掌握在2.0～2.5之间。随着植株的不断生长，营养液的EC值不断下降。栽培过程中一般每周测定一次营养液的EC值，当EC值低于1.8时，应及时补充养分和水分。营养液的pH控制6.0～7.0为宜。北方地区自来水的pH普遍偏高，可用工业硫酸调节。水培过程中，3～5天调整一次，硫酸用量为30～40毫升/米$^3$。营养液循环每天3～4次，每次10～15分钟，生长中后期晴天应适当增加供液次数。在整个水培过程中，营养液温度一直宜稳定在16～18℃。

4）温室环境调节与控制：生菜喜冷凉环境，生长期间应控制温度不宜过高，一般在12～25℃。晴天上午室温高于20℃时，应通风降温，下午低于18℃时，关闭通风口。生菜对光照要求不严格，晴天中午适当遮阴，避免生菜萎蔫。加强病虫害防预，避免将病虫引入温室。管理得当，环境控制适宜，生菜生长健壮，病虫害很少。

（3）采收　根据市场行情，在生菜单株重量达到150克左右时开始采收。生长期：一般春、秋季70～80天，冬季80～90天。产量5～6千克/米$^2$。无土栽培生菜采取分期育苗，分批定植和采收，一年可收种6～8茬，经济效益较高。产品鲜嫩可口，无病虫害，无农药残留污染，很受市场欢迎。

## 79. 叶用莴苣栽培关键技术有哪些？

（1）品种选择　根据不同的收获季节，选择相应的品种，如在高温季节或低温季节收获的，就不宜选用结球生菜，而选用散叶生菜或皱叶生菜，而且要选用相对耐高温或耐低温的品种。在适温季节收获的，既可选用结球生菜，也可选用散叶生菜或皱叶生菜。据研究分析，散叶生菜的营养成分高于结球生菜，尤其是维生素A、维生素C和钙的成分。而结球生菜的口感及商品性要明显好于散叶生菜。可根据消费者的食用习惯进行合理搭配。

（2）播种育苗、施肥整地、定植及定植后的管理　结球莴苣与莴笋基本相同，可以参照。其不同点是叶用莴苣对温度的要求比茎用莴苣严格，管理上更应精细。

（3）收获　散叶生菜和皱叶生菜的采收期比较灵活，可根据市场需要而定。结球生菜当叶球充分长大，包心紧实时，必须及时收获。如果延迟收获，叶球易开裂。

## 80. 日光温室叶用莴苣如何播种育苗？

日光温室结球生菜多行育苗移栽，苗龄一般为25～35天，定植后50～60天即可收获。生产者可依据市场需要灵活安排播种期。叶用莴苣种子小，播种质量要求高，应选肥沃沙壤土。播前整好苗床，适当施用腐熟优质有机肥，有条件的地方，可用育苗盘基质育苗来保证幼苗的质量。一般采用育苗移栽，10米$^2$苗床用种量为25～30克（每平方米苗床用种量为2～3克）。整平床面后浇水，水渗下后再撒籽。为了撒籽均匀，可把种子和细沙混匀后撒播，播后覆土0.3～0.5厘米。

播种后温度保持20～25℃，畦面保持湿润，3～5天可齐苗。

出苗后白天温度18～20℃，夜间温度8～10℃。幼苗二叶一心时进行间苗，苗距3～5厘米。间苗后应视土壤水分状况，浇小水护根，也可用磷酸二氢钾进行叶面追肥一次，同时喷百菌清或甲基托布津600倍液防病，待苗长到四叶一心时即可定植。移栽后早熟品种行株距各为20～25厘米，中、晚熟品种行株距各为25～35厘米，保护地可适当密植。

## 81. 日光温室叶用莴苣冬春栽培如何定植与管理？

（1）整地施肥　每亩施优质有机肥5 000千克以上，撒施NPK三元复合肥30～40千克，深翻20～25厘米，整平后做畦，畦宽1米，也可做成小高畦用地膜覆盖。

（2）定植　定植可按行距40～45厘米，株距25～35厘米穴栽。栽苗前提前开穴并浇水，起苗时应尽量多带土少伤根，栽苗后浇足定根水。

（3）定植后管理　定植缓苗后7～10天再浇一次缓苗水，并随水每亩施尿素5～10千克。根据不同生菜品种，定植后15～30天再重施一次肥，每亩追尿素15～20千克。进入莲座期前，对于结球莴苣来说，应适当控制，以促进叶球的形成，以后可视具体情况轻补肥一次。中后期应使土壤保持湿润，均匀浇水，采收前停止浇水。

结球生菜成熟期不大一致，应分次适时采收。一般定植后60天左右开始采收。过早采收产量低；过晚采收，则叶球内茎伸长，叶球变松，影响品质。

## 82. 叶用莴苣无公害栽培怎样管理？

（1）追肥　定植后在施足底肥的基础上，要追施速效肥。追肥可分3次进行：定植后5～6天追第一次肥，追施少量速效氮

肥；15～20天追第二次肥，以氮、磷、钾复合肥为好，每亩追施15～20千克；定植后25～30天时，再追施一次复合肥10～15千克。在苗期可浇腐熟稀粪水，中、后期禁浇粪水。

（2）浇水　定植后以中耕保湿缓苗为主。缓苗后根据天气和生长情况，掌握浇水的次数，保持土壤湿润。中后期田间封垄时，浇水应注意既要保证植株养分需要，又不要过量。大棚栽培应控制好田间湿度和空气湿度，控制浇水。注意雨天清沟排水，忌积水。

（3）中耕除草　及时进行中耕除草，中耕次数根据田间情况而定，一般进行3次即可。中耕与除草相结合。中耕深度一般为2～4厘米，苗幼小时中耕深2厘米即可，苗大些时可适当深一些。

（4）遮阳防雨　夏季栽培要注意遮阳、防雨、降温，尤其在夏季育苗时。一般用遮阳网或无纺布遮阳，可利用大棚也可用小拱棚或平棚覆盖遮阳网，大棚盖顶部和西晒面，小拱棚和平棚晴天昼盖夜揭、阴撤雨盖。

## 83. 叶用莴苣的主要虫害如何防治?

莴苣的主要害虫有蚜虫及地下害虫小地老虎和蛴螬。

（1）蚜虫

1）危害状：成虫与若虫群集于莴苣叶背面，以刺吸式口器吮吸植株汁液，轻者形成褐色斑点，叶片发黄，重者叶片卷曲，皱缩变形，植株矮小，甚至枯萎死亡。蚜虫还可传播病毒病。

2）种类与特征：有桃蚜、棉蚜、萝卜蚜等，其中桃蚜传毒率最高。蚜虫中有有翅蚜和无翅蚜二种，其体长均不超过2毫米。

3）生活习性：以卵在越冬寄主上或以成蚜、若蚜在棚室蔬菜上越冬或继续繁殖。1年可繁殖10～30代。春季气温在6℃以上开始活动，春、秋季10天左右完成1代，夏季4～5天1代，适温16～20℃，干旱的气候有利于发生。

4）防治方法：①保护地提倡采用银灰色防虫网，有驱避作用；②采用黄板诱杀，用一种不干胶，涂在黄色的塑料板上，粘住蚜虫；③清洁田园，以减少虫口的密度；④及时防治，把蚜虫消灭在点、片发生阶段。以棉蚜为主时用10%吡虫啉可湿性粉剂2 000倍液，以菜蚜（桃蚜、萝卜蚜、甘蓝蚜）为主时，用抗蚜威50%可湿性粉剂2 500～3 000倍液喷雾防治。

（2）小地老虎

1）危害状：食性杂，可危害多种蔬菜和作物，3龄前，栖于植株地上部分，取食顶芽和嫩叶，呈半透明的白斑和小孔。3龄后，幼虫白天分布在土表2～6厘米深处，夜间到地面危害，咬断莴苣近地面嫩茎，特别在莴苣定植后最易发生。5～6龄后危害更重，造成缺苗断垄。

2）形态特征：成虫是暗褐色中型蛾子，卵半圆形，老熟幼虫体长37～47毫米，头黄褐色，体灰褐色，表面粗糙，布满圆形黑色小颗粒，蛹赤褐色，有光泽。

3）生活习性：1年可发生2～6代，由北向南增加，一般江苏5代，北京3代。在长江流域以老熟幼虫、蛹及成虫越冬；在广东、广西、云南无越冬现象。在北方据推测，春季虫源系迁飞而来。成虫有趋光性，对黑光灯及糖醋酒等趋性较强。最适发育温度为13～25℃，高温不利于发育。喜湿，在低洼多雨、壤土、管理粗放及田间杂草多处危害严重。

4）防治方法：①清洁田园，防地老虎成虫产卵是关键一环。②诱杀防治。一是灯光诱杀成虫；二是糖醋液诱杀成虫：糖6份、醋3份、白酒1份、水10份、90%敌百虫1份调匀诱杀。③药剂防治。地老虎1～3龄抗药性差，且暴露在寄生植物或地面上，是药剂防治适期。用48%乐斯本乳油，每亩90～120克对水50～60千克，或20%氰戊菊酯3 000倍液，或50%辛硫磷800倍液喷雾。

（3）蛴螬

1）危害状　蛴螬是金龟子幼虫，又名白土蚕。是杂食性害

虫，在地下咬断幼苗根、茎，使植株枯黄而死。

2）形态特征　幼虫头黄褐色，体乳白色，体长25～40毫米，静止时弯成C形，全体多皱缩。成虫体长16～22毫米，体黑色或黑褐色。小盾片近于半圆形。鞘翅长椭圆形，有光泽，每侧各有4条明显的纵肋。前足胫节外齿3个，内方距1根。蛹初白色，后变黄色至红褐色。

3）生活习性　以幼虫和成虫在土中越冬。1年发生1代或1～2年发生一代。5～7月成虫大量出现，有假死性和趋光性，并对未腐熟的厩肥有强烈趋性，晚上活动最旺盛，多在松软、湿润的土内产卵。蛴螬始终在地下活动，与土壤温湿度关系密切，23℃以上则往深土中移动；土壤湿润有利于蛴螬活动，尤其小雨连绵天气会使危害加重。

4）防治办法：①冬翻冻垡，可冻死部分蛴螬，减轻第二年危害。②避免施用未腐熟有机肥。③合理安排茬口，避免与豆类茬口接茬。④药剂防治，定植前用50%辛硫磷乳油1 000倍液，或48%乐斯本1000倍液喷药后应即翻耕土壤，隔5～7天定植。

## 84. 叶用莴苣采收标准是什么？如何分级？

散叶生菜和皱叶生菜的采收期比较灵活，可根据市场需要而定。商品性状基本要求具有品种的基本特征，无病斑，无黄叶，无老叶。结球生菜当叶球充分长大，包心紧实时，必须抓紧时间及时收获，如果延迟收获，叶球易开裂。

散叶生菜：

（1）一级标准

①无虫眼；②无焦尾；③单株重200克以上；④刀口平。

（2）二级标准

①无虫眼，允许外叶有斑点；②无焦尾；③单株重100克以上；④刀口平。

（3）三级标准

①允许外叶有病斑或虫眼；②允许有焦尾；③株重 50 克以上。

结球生菜：

（1）一级标准

①无虫眼，无病斑；②结球紧实；③不抽薹；④外面带 2～3 片叶；⑤刀口平；⑥单株重 750～1 000 克。

（2）二级标准

①结球较紧实；②叶片可有 3～4 处虫眼、病斑；③不抽薹④外面带 2～3 片叶；⑤刀口平；⑥单株重 600～750 克。

（3）三级标准

①允许结球不够紧实；②允许有病斑或虫眼；③单株重 400～600 克。

油麦菜：

（1）一级标准

①无病斑、虫眼；②不抽薹；③无焦尾；④无拔节；⑤刀口平。

（2）二级标准

①无虫眼，允许外叶有斑点；②不抽薹；③无焦尾；④无拔节；⑤刀口平。

（3）三级标准

①允许外叶有虫眼、病斑，但心叶完好；②其他要求达不到一级、二级标准。

## 三、菠菜标准化生产技术

### 85. 菠菜标准化栽培标准有哪些?

菠菜标准化生产应按照《无公害食品　菠菜生产技术规程》

（NY/T 5089—2002）标准进行，同时要遵循以下标准：《农药安全使用标准》（GB 4285）；《农药合理使用准则》（GB/T 8321，所有部分）；《肥料合理使用准则　通则》（NY/T 496）；《无公害食品　蔬菜产地环境条件》（NY 5010）。设施栽培可采用塑料大棚、日光温室及遮阳网、防虫网。选择在地势平整、排灌方便、疏松、肥沃、保水、保肥的沙壤土栽培。

## 86. 菠菜的植物学特征及生育特性有何特点？

菠菜又名波斯草、赤根菜。属藜科菠菜属，主要为一、二年生草本植物。据文献记载，在我国唐代就开始栽种。

菠菜主根发达，红色，味甜可食。主要根群分布在25～30厘米耕层内。抽薹前叶片簇生于短缩茎上，叶柄较长，叶片质地柔软，色浓绿，为主要食用部分。进入生殖生长后，抽出花茎，上面着生小叶片，花茎柔嫩时也可食用。花为单性花，雄花为穗状花序，雌花簇生于叶腋。一般雌雄异株，少数雌雄同株。风媒花，雌花无花瓣，雄蕊一枚，花萼2～4裂，包被子房，有刺菠菜的花萼发育成角状突起。子房一室，内含胚珠一枚，受精后内含种子一粒，播种用的“种子”实为果实。

菠菜是绿叶菜类蔬菜中耐寒力最强的一种蔬菜。尖叶菠菜成株在冬季最低气温－10℃左右可以露地安全越冬。有些耐寒力强的品种在有4～6片真叶时可以耐短期－30℃的低温。菠菜的适应性广，生长适温为15～30℃，最适温为18～20℃。种子4℃时就可发芽，我国北方地区早春土壤刚刚解冻时可以播种，发芽适温为15～20℃，温度再高则发芽率下降。对土壤的要求是除酸性土壤不易栽培外，其他土壤均可栽培。

菠菜抽薹开花受日照长短影响，抽薹随温度的升高日照时数的加长而加速。菠菜不耐干旱，在土壤湿润的环境下生长旺盛，品质好，土壤干燥时，生长缓慢，叶老化，品质差。

## 87. 菠菜有何营养与食用价值？

菠菜有较高的营养价值，含有丰富的β胡萝卜素、核黄素、叶酸、铁、钾、镁等以及较多的水溶性纤维素，可预防多种疾病。含有的叶酸可帮助防止胎儿先天缺陷，所含的酶对胃和胰腺的分泌功能起良好作用，适合于贫血、胃肠失调、呼吸道和肺部疾病患者。此外，高血压和糖尿病患者多吃菠菜也非常有好处。但由于菠菜中富含草酸盐，结石患者（如有肾结石或尿路结石的病人）吃了可能会加重病情，建议此类病人应减少菠菜的食用。食物纤维虽能解毒通窍，也有一定的滑肠作用，故小儿在腹泻时最好不要吃菠菜。菠菜是铁、镁、钾和维生素A的优质来源，也是钙和维生素C的上等来源。每100克菠菜含水分91.5克，蛋白质2.4克，脂肪0.3克，碳水化合物4.3克，粗纤维0.2毫克，钙103毫克，磷38毫克，铁1.9毫克，胡萝卜素3毫克，维生素$B_1$ 0.02毫克，维生素$B_2$ 0.14毫克，尼克酸0.6毫克，维生素C 38毫克。

菠菜食用方法有多种，可凉拌、炒食或做汤。但炒着吃、做汤吃都不太适宜，吃火锅时加菠菜、豆腐，甚至连汤一块喝更是对健康无益。因为菠菜所含的草酸成分也随之进入人体，对普通人群来说，为预防形成结石与影响人体对钙的吸收，烹饪菠菜时最好用热开水焯一下，经过水焯以后，大部分的草酸可以释出，把汤倒掉，菠菜捞出，或者凉拌或者炒，就可在一定程度上减少草酸的破坏作用。但对于痛风患者和患有肺结核、软骨病、佝偻病的小儿，或者正在服用钙片者，最好少吃或者不吃菠菜，以免妨碍人体对钙的吸收。

## 88. 菠菜生产对环境条件有何要求？

（1）温度　菠菜是绿叶菜类蔬菜中耐寒力最强的一种蔬菜，

在长江流域以南可以露地越冬，华北、东北、西北用风障加地面覆盖能露地栽培越冬。菠菜的耐寒力与植株的生长发育、苗龄密切关系，如果幼苗只有1～2片叶和将要抽薹的植株，其耐寒性较差。随着温度的升高，菠菜发芽率降低，发芽天数也增加，35℃时发芽率不到20%，所以高温季节播种时，种子必须事先放在冷凉环境中浸种催芽。菠菜萌动的种子或幼苗在0～5℃下经5～10天通过春化阶段。

（2）光照　菠菜属低温长日照作物，花芽分化主要受日照长短的影响，在长日照和高温下容易通过光照阶段，在长日照下低温有促进花芽分化的作用。花芽分化后温度升高，日照加长时抽薹、开花加快。越冬菠菜进入翌年春夏季，植株就会迅速抽薹开花。菠菜抽薹开花受日照长短影响，抽薹随温度的升高、日照时数的加长而加速。

（3）水分　菠菜在空气相对湿度80%～90%，土壤湿度70%～80%的环境条件下生长最旺盛，叶片厚，品质好，产量高。菠菜在生长过程中需要大量水分，生长期缺水，生长缓慢，叶肉老化，纤维增多，尤其在高温、干燥、长日照下，会促进花器官发育，提早抽薹。菠菜不耐干旱，在土壤湿润的环境下生长旺盛，品质好，土壤干燥时，生长缓慢，叶老化，品质差。

（4）土壤营养　菠菜对土壤的性质要求不严，适应性较广，以种植在保水、保肥、潮湿、肥沃、pH 6～7.5中性或微酸性壤土为宜。酸性土会使菠菜中毒，不宜栽培。菠菜是速生绿叶菜，种植密度大，产量较高，因此生长期需要有充足的速效性养分供给。每亩菠菜吸收氮4.1～9.3千克，磷1.0～3.7千克、钾5.7～19.0千克，氮、磷、钾吸收比例为100：20：150～170。氮肥充足时，叶部生长旺盛，可以提高产量和品质；缺氮时植株矮小，叶片发黄，小而薄，纤维多，易抽薹。

## 89. 菠菜分为哪几种主要类型？栽培上有哪些优良品种？

菠菜依其种子形状和叶形可分为有刺种、无刺种两类。

（1）有刺种（尖叶类型） 又称中国菠菜，种子有刺，在我国栽培历史悠久，分布很广。叶柄长，叶片窄小，叶肉薄，箭头形。耐寒力强，抗热力弱，在长日照下易抽薹，适于晚秋越冬栽培，春播易抽薹。黑龙江双城菠菜、青岛菠菜、广州大叶乌菠菜都属于此种类型。

（2）无刺种（圆叶类型） 叶椭圆形或卵圆形，叶片大而肉厚，叶柄短，有的叶面有皱缩，种子无刺，抗寒力弱，而耐热力强，晚熟，对长日照没有尖叶菠菜敏感。适于春秋栽培，夏季也可种植，但北方不宜作越冬栽培。广东圆叶菠菜、南京大叶菠菜、西安春不老菠菜属于此种类型。

秋菠菜的适宜品种：秋菠菜播种后，前期气温高，后期气温逐渐降低，光照比较充足，适合菠菜生长，而且日照逐渐缩短，不易通过阶段发育，因此在品种选择上不严格。但是早秋菠菜宜选用较耐热、生长快的早熟品种。

春菠菜的适宜品种：春菠菜播种出苗后，气温低，日照逐渐加长，极易通过阶段发育而抽薹，要选择抽薹迟，叶片肥大，产量高，品质好的品种，如迟圆叶、春秋大叶、辽宁圆叶菠菜等。

夏菠菜的适宜品种：栽培夏菠菜宜选用耐热性强，生长迅速，抗旱和抗病，对日照感应迟钝，不易抽薹的品种。如华菠1号、春秋大叶、南京大叶菠菜、广东圆叶等菠菜品种。

越冬菠菜良种：越冬菠菜生长在冬季，应选抗寒性强的品种，一般以吉林尖叶、上海尖叶、青岛菠菜、锦州尖叶为好。

目前在全国各地栽培的夏菠菜品种主要有以下几种：

1）全能菠菜：从香港引入。耐热，耐寒，适应性广，冬性强，抽薹迟生长快，在 3～28℃气温下均能快速生长。株型直立，株高 30～35 厘米，叶片 7～9 片，单株重量 100 克左右。叶色浓绿，厚而肥大，叶面光滑，长 30～35 厘米，宽 10～15 厘米。涩味少，质地柔软。生育期 80～110 天，抗霜霉病、炭疽病、病毒病。

2）华菠 1 号 华中农业大学选育的一代杂种。早熟，生育期 40～60 天。植株半直立，株高 30 厘米。叶基戟形，有深缺刻一对，先端钝圆，叶片肥大，品质好。耐高温，抗霜霉病和病毒病，丰产性好。

3）广东圆叶菠菜：由广东引进，种子无刺，叶卵圆形，耐热力强，生长快，不耐严寒，在严寒来前要收完。

4）联合 1 号：上海交通大学农学院育成的一代杂种。种子有刺。植株半开张，叶箭形，叶片大而肥厚，生长迅速，较耐高温，在高温多雨季节播种，出苗、保苗好。种子休眠期长，新种子在高温下直播发芽率不高。播后 30 天可收获。

5）春秋大叶：山西省从日本引进的品种。植株健壮，半直立，叶簇生，叶呈长椭圆形，尖端钝圆，叶片肥大，单株重量 200 克，质嫩，单叶重量 20 克，无涩味，品质极好。抗病性强，耐热，抽薹较晚，生长期比一般圆叶菠菜长 10 天左右。

6）晚抽大叶：山西农业大学蔬菜研究所选育的新品种，生长期 50 余天。株高 25 厘米，开展度 50 厘米。叶片宽大，阔箭头形，先端圆，长 32～40 厘米，宽 14～18 厘米，纤维极少。种子无刺。抽薹比一般品种晚 15～20 天，一般每亩产量 2 500 千克以上。

## 90. 如何根据菠菜种子的特性进行种子处理？

菠菜的种子是“胞果”，果实的果皮较厚，革质，水和空气不易进入，干籽播种出苗慢，出苗不齐，播种前需要对菠菜种子进行一定的处理。

（1）一般浸种　即用冷水浸种12～14小时，出水后包在湿麻袋中，在15～18℃下催芽，3～4天后待胚根露白，在下午气温较低时播种。或将浸泡后的种子用麻袋包好后，吊在离水面10厘米处水井中进行催芽。

（2）药剂浸种

1）过氧化氢溶液浸种：即将过氧化氢溶液按1∶4比例对水，经充分搅拌配制成20%～25%的过氧化氢水溶液，倒入种子，用木棒边倒边搅拌，使种子都能均匀吸水。浸种时间因气温而定，当气温低于20℃时，需浸100～120分钟；气温高于20℃、低于30℃时，需浸60～90分钟；气温高于30℃以上时，仅需30～50分钟。种子捞出后，随即用清水冲洗3～4次（边冲边滤水），滤水后盛于容器中用湿布巾覆盖催芽。一般5～6天就有85%以上的种子发芽，播种后2～3天即可齐苗，比常规播种提前6～8天出苗。此法应注意以下几点：一是处理前，应把种子在晴天太阳下晒4～6小时，剔除杂物和不饱满的种子；二是要用百菌清水溶液对已经浸种催芽处理的种子进行灭菌处理；三是浸种催芽灭菌处理后的种子应及时播种，田块要求湿润；四是播种后覆土1～1.5厘米并加压覆盖稻草帘，待有10%～15%的幼苗出土时将草帘掀开。

2）种子药剂消毒：将种子在1%高锰酸钾或10%磷酸三钠溶液中浸泡15～20分钟，用清水洗净后再进行催芽处理。

## 91. 菠菜的需肥特性与施肥关键技术如何？

菠菜是一种耐盐碱、不耐酸性土壤的速生型作物，需要较多的氮肥，对钾肥要求高，吸钾量占干物质重的5%～6%，适宜的土壤pH为5.5～7。据报道，每生产1 000千克菠菜吸收氮2.1～3.5千克、磷0.6～1.1千克、钾3.0～5.3千克，氮、磷、

钾之比为1∶0.3∶1.4。菠菜缺氮时植株矮小，叶发黄易未熟抽薹。而氮肥充足可使叶部生长旺盛，不仅提高产量，增进品质而且可以延长供应期。菠菜对钾吸收量较高，对缺钾反应敏感。缺硼时心叶卷曲、失绿，植株长不大，应在施肥时配合施用硼砂（每亩0.5～0.75千克）或叶面喷施硼砂溶液，以防止缺硼现象。

菠菜生长期短，生长速度快，产量高，需肥量大，要求有较多的氮肥促进叶丛生长。就氮肥的种类、施肥量和施肥时间来说，菠菜是典型喜硝态氮肥的蔬菜，硝态氮与铵态氮的比例在2∶1以上时的产量较高，但单施铵态氮肥会抑制对钾、钙的吸收，带来氨害影响其生长。而单独施硝态氮肥，虽然植株生长量大，但在还原过程中消耗的能量过多；在弱光下，硝态氮的吸收可能受抑制，会造成氮素供应不足。分次施肥虽然能提高植株干物质含量，但以播前施入所有氮肥的单位面积干、鲜产量最高，增加施氮次数则减产。氮肥品种对菠菜的品质影响较大，施用铵态氮和尿素的菠菜，水溶性糖和维生素含量均高于施用硝态氮，而且硝酸盐和草酸含量亦较低。氮浓度在20%以下时，植株体内氮浓度与草酸含量呈正相关。草酸是由硝酸盐的还原而合成的。

菠菜是硝酸盐富积量较高的蔬菜之一。菠菜以吸收硝态氮为主（其木质部总氮的70%是硝态氮），然后在植株体内还原成亚硝酸盐或铵态盐而再被利用。所以，菠菜中硝酸盐的含量取决于土壤中的有效氮形态及含量、植株对硝酸盐的吸收和运输，以及硝酸盐的还原。凡是影响这些过程的因素均会影响菠菜中硝酸盐的含量。

研究证明，缓效氮、有机态氮以及铵态氮既降低植株中硝酸盐的含量，也降低了产量。硝酸钙较之尿素在提高菠菜干物质产量的同时，也显著增加了硝酸盐的含量。

磷肥对菠菜硝酸盐的含量影响较小，但一般都可使产量在增加的同时，使硝酸盐含量趋于减少。钾能抑制硝酸盐还原，增施钾肥使菠菜的硝酸盐和产量增加，但施用氯化钾的菠菜比施用硫酸钾的菠菜硝酸盐含量降低。

钠、钙和镁对菠菜的硝酸盐含量没有直接的影响，但施石灰在抑制菠菜硝酸盐含量的同时，提高了产量。土壤缺钼时，施用钼肥能降低菠菜中硝酸盐的含量。锰和铜的缺乏可导致菠菜减产和硝酸盐增加。硼的缺乏也可使菠菜硝酸盐含量增加。

一般情况下，肥水不足时，菠菜植株营养器官不发达亦可早抽薹，从而影响商品产量。土壤有效磷含量高，菠菜产量高，增施磷肥在多数情况下能提高菠菜产量。大多数情况下，增施钾肥可提高菠菜产量，而且一般硫酸钾的效果优于氯化钾。

## 92. 菠菜主要病虫害有哪些？如何防治？

（1）菠菜霜霉病　危害叶片。被害叶片开始产生浅黄色不规则的小斑点，扩大后，病斑相互连接，严重时，叶片枯黄，潮湿时，病叶腐烂，在病斑叶背面长有灰紫色霉层，即孢子囊与孢囊梗。

防治措施：①农业防治。重病田实行2～3年轮作，施足腐熟有机肥料，提高植株抗病力；合理密植，防止大水漫灌，加强放风，降低湿度；清洁田园，早春发现病叶和萎缩植株及时拔除，收获时彻底清除残株落叶，带出田外深埋和烧毁。②药剂防治。发病初期，可喷90%疫霜灵可湿性粉剂500倍液、50%安克可湿性粉剂1500倍液、58%甲霜灵锰锌可湿性粉剂500倍液、72.2%霜霉威水剂600～800倍液、72%克霉星可湿性粉剂500倍液、72%克露可湿性粉剂600～800倍液、72%克抗灵可湿性粉剂600～800倍液，隔7天喷一次，连喷2～3次。农药要交替使用，防止产生抗药性。

（2）菠菜白斑病　危害叶片。下部叶片先发病，病斑呈圆形至近圆形，病斑边缘明显，大小0.5～3.5毫米，病斑中间黄白色，外缘褐至紫褐色，扩展后逐渐发展成白色斑。湿度大时，有些病斑上可见灰色毛状物；干湿变换激烈时，病斑中央易破裂。

菠菜白斑病菌随病残体在土壤中越冬，春季病菌借风、雨传播蔓延，生长势弱、温暖潮湿条件下易发病，地势低洼、通风不良、管理不善发病重。

防治措施：①选择地势平坦、有机肥充足的通风地块栽植菠菜，适当浇水，精细管理，提高植株抗病力；收获后及时清除病残体，集中深埋或烧毁，以减少病源。②药剂防治。在发病初期，喷洒30％绿得保悬浮剂400～500倍液、50％多霉灵可湿性粉剂1 000～1 500倍液、75％百菌清可湿性粉剂700倍液，隔7～10天喷一次，连喷2～3次。

（3）菠菜枯萎病 一般在成株期发生较为严重。表现为老叶变暗失去光泽，叶肉逐渐黄化，根部逐渐变褐枯死。发病早的植株矮化。菠菜枯萎病菌主要随植株残体在土壤或种子上度夏、越冬。种子可带菌，未腐熟的粪肥也可带菌。病菌可随雨水及灌溉水传播，从根部伤口或根尖直接侵入。高温多湿有利于发病。土温30℃左右、土壤潮湿、肥料未充分腐熟、地下害虫、线虫多时易发病。

防治措施：①与葱蒜类、禾本科作物3～4年轮作，避免连作；施用充分腐熟的有机肥，并采用配方施肥技术，提高抗病力；采用高畦或起垄栽培，雨后及时排水，严禁大水漫灌。②药剂防治。发现病株及时拔除，病穴及四周浇、喷50％多菌灵可湿性粉剂500倍液、40％多硫悬浮剂500倍液、10％治萎灵水剂300～400倍液，隔15天喷一次，连喷2～3次。

（4）菠菜炭疽病 主要危害叶片和茎部。叶片被害初期产生淡黄色的污点，后逐渐扩大成灰褐色的圆形病斑，具轮纹，中央有小黑点。采种株上主要危害茎部，产生菱形病斑，生有黑色轮纹状排列的小粒点。雨水多、地势低洼、排水不良、密度过大、通风不良、湿度大、浇水多发病重。

防治措施：①农业防治。实行3年以上轮作；合理密植，防止大水漫灌；施足有机肥，追施复合肥料；加强通风，降低湿度；及时清除病残体，减少病菌在田间传播；选用无病种子，种子用52℃温水浸20分钟后捞出，立即放入冷水中冷却，晾干后播种。②药剂防治。发病初期可用80%炭疽福美可湿性粉剂600～800倍液，或40%多丰农可湿性粉剂400～500倍液、2%农抗120水剂200倍液，隔6～7天喷一次，连喷2～3次。也可用8%克炭灵粉尘剂，防治时不加水，每亩每次喷1千克，隔7天喷一次，连喷2～3次，不仅效果好，而且省工、省水。

（5）病毒病　被害植株心叶萎缩或呈花叶，老叶提早枯死脱落，植株卷缩成球形。受黄瓜花叶病毒病侵染的病株表现为叶形细小、畸形，节间缩短呈丛生状，新叶黄化；被芜菁花叶病毒侵染的病株，叶片形成不规则、浓淡相间的大花斑，叶缘向上卷；感染甜菜花叶病毒的植株，叶脉透明，新叶变黄，也产生斑驳和向下卷曲。

病源在越冬菠菜及田间杂草上越冬，田间传病主要靠蚜虫。秋季干旱年份，根茬菠菜、风障田发病重，早播地、通风不良地及靠近萝卜、黄瓜地的菠菜发病也重。

防治措施：①物理防治。保护地挂银灰膜条，可起到避蚜作用。②综合防治。选择通风良好，远离萝卜、黄瓜的地块种植菠菜；适时播种，避免早播；遇到早春和秋旱应多浇水，可减轻发病；施足有机肥，增施磷、钾肥，提高抗病力。③清洁田园。在冬前和早春应将田间地边及垄沟的杂草清除干净，并彻底清除病株，带出田外深埋或烧毁。④及时用药剂防治蚜虫。发病前或发病初期可喷20%病毒A可湿性粉剂500倍液，或5%菌毒清水剂300倍液、抗毒剂1号300倍液，增强免疫力。

（6）菠菜潜叶蝇　幼虫在叶内取食叶肉仅留下表皮，并形成较宽的隧道。轻者影响品质，失去商品价值，重者造成全田毁灭，损失严重。

防治措施：①深翻土地。收获后及时深翻土地，既利于植物生长，又能破坏一部分入土化的蛹，可减少田间虫源。②施足底肥。要求施经过充分腐熟的有机肥，特别是厩肥，以免把虫源带进田里。③药剂防治。要求在产卵盛期至卵孵化初期、幼虫还未钻入叶内的关键时期及时用药，否则，潜叶后喷药效果差。可选用2.5%溴氰菊酯乳油2 000倍液，或1.8%阿维菌素乳油2 000～2 500倍液，或50%辛硫磷乳油1 500～2 000倍液，或1.8%爱福丁乳油3 000倍液，或90%晶体敌百虫1 000倍液喷雾。

## 93. 菠菜栽培中如何防止和减少污染?

菠菜生长迅速，生长期短，容易产生硝酸盐危害及其他污染危害。防止和减少污染的主要措施有：①合理施肥，要注重基肥的使用，选择优质高效的充分腐熟的有机肥，配合三元复合肥做基肥。生产过程中严格控制化肥用量、施用时间和最后一次追施化肥安全间隔时间；②用清洁的水源进行灌溉，不能用城市污水、工厂废水和受到污染的水源进行灌溉，同时也不能用城市垃圾和其他未经无害化处理废弃物做基肥；③产前注重清洁田园，产中、产后注意经常清除残枝败叶及病株，减少污染和发病源；④合理使用农药，采用综合防治病虫害技术措施，优先使用农业、物理手段，应用生物农药和高效低毒药剂等，严格按标准量及安全间隔期使用，禁用高毒、高残留药剂。

## 94. 菠菜夏季反季节栽培技术要点有哪些?

菠菜性喜冷凉，不耐高温和强光，一般菠菜品种气温超过25℃即难以正常生长，夏季栽培极易抽苔，商品性差，不易成功。但通过采取适当的措施，一般播后35d左右收获上市，既能缓解伏缺生产供应紧张的矛盾，又能获得较高的经济效益。其栽培的关键措施：

(1) 品种选择　选用圆叶耐热品种，如荷兰的K3、K6等。这些品种在30℃左右的高温下仍能正常生长，每亩可产1 500～2 000千克。

（2）浸种催芽　气温达到30℃时，菠菜种子发芽困难，可进行低温催芽处理，即在井下催芽。方法是，先用深井水浸泡种子1～2小时，待种子吸足水后用毛巾包好，用绳子吊在井中，距水面约30厘米。每天早、晚各淘洗1遍，3～4天后，种子露白时播种。有条件的也可用冰箱低温催芽。

（3）土壤消毒　夏季菜田一定要施用充分腐熟的有机肥料，亩用量可减少至600～700千克，撒施翻耙后做高畦。夏季菠菜在苗期极易发生立枯病、猝倒病，造成死苗断行，一般在播种前2～3天，用绿亨二号等农药制成药土，施药前先浇透苗床底水，水渗下后取1/3药土撒在床面上，播种后再用2/3药土覆种。也可结合整地，一起进行土壤消毒。

（4）遮阳防雨　因菠菜不耐强光和高温，夏季须遮阳降温、防暴雨，若在棚膜上再覆遮阳网效果更好。菠菜出苗后应经常保持地面湿润，若有缺苗断垄现象，应及时补栽。在4片真叶到团棵期，结合浇水每亩追施30千克氮肥2～3次。进入旺盛生长期后，也可叶面喷施磷酸二氢钾等，以促进菠菜生长。

（5）防治病虫　夏季菠菜易发生霜霉病、炭疽病、斑点病和病毒病。霜霉病可用64%杀毒矾可湿性粉剂500倍液防治。炭疽病可用50%多菌灵可湿性粉剂700倍液或80%炭疽福美可湿性粉剂800倍液防治。斑点病可用36%甲基硫菌灵悬浮剂500倍液或40%多硫悬浮剂600倍液防治。病毒病用1.5%植病灵乳剂1 000倍液防治。

## 95. 菠菜冬春塑料大棚栽培播种时期及方法如何掌握？

塑料大棚菠菜播种时期与盖膜时间有密切的关系。盖膜分为早春和冬前，播期相应也不同。

（1）冬季盖膜栽培适宜播期　冬季覆膜，菠菜在棚内越冬。

10月上旬播种，播种后盖膜，比露地越冬菠菜晚播15～20天。如果播种早了，当菠菜在棚内停止生长时，植株已达到收获状态，不耐低温。虽然在棚内越冬，温度比外界高，但在12月下旬至翌年2月上旬气温最低期，夜间棚内外温差小，严寒地区仍可受冻害。播种晚了，植株小，叶片少，根系浅，不抗寒冷，部分植株可冻死。3月上中旬收获，因生长期不够，产量低，晚收又影响下茬黄瓜、番茄等的定植。

（2）早春盖膜栽培适宜播期　早春盖棚膜，菠菜在露地越冬。播种期要严格掌握，切不可过早或过晚。适宜播种期在9月中旬前后，冬前生长5～10片叶，盖膜后生长旺盛，收获早，产量高。播种早了，植株在冻前已达到收获状态，抗寒力弱，外叶早衰发黄，叶尖和边缘干枯或脱落，返青晚，越冬死亡率高。加之盖膜以后棚内温度变化大，中午11～14时温度可高达30℃以上，植株蒸发量大，根系活动力弱，吸水能力低，水分蒸发快，叶片变黄，外叶边缘枯黄，甚至有的植株被抽干枯死，常处于萎蔫状态，返青晚，生长缓慢，产量低。播种晚了，植株小，叶片少，根系浅，不耐寒，不耐旱，越冬时死亡率高达50%以上。另外，盖棚膜以后，温度突然变高，蒸腾加快，幼苗易失水，导致死亡率继续增加。

播种方法有条播和撒播，两种方法均要浇足底水，催芽播种，播种后镇压保墒。做畦条播，行距8～10厘米，播幅宽5～7厘米，开沟深2.5厘米左右，水渗后播种，均匀撒种，然后覆土至沟面。因地区温度差异，春盖棚膜严寒地区播种量7～8千克，在不低于－10℃地区播种量4～5千克。撒播方法，播两畦留一畦存放表土（2～3厘米厚覆土），最后再播留下的畦。

## 96. 菠菜冬春塑料大棚栽培怎样进行温度管理？

冬扣棚膜，从播种到营养体收获，均在棚内进行。越冬、生长，不同生长期对温度要求不一致，种子发芽适宜温度为15～20℃，4～6天发芽出土，发芽率90%以上。温度过高，发芽率低。冬扣棚膜菠菜在10月上旬播种，此时外界温度比较高，棚内温度可高达25℃以上，对种子发芽十分不利。温度管理要严格加以控制，加大放风量，降低温度，掌握发芽适温，否则因温度过高，发芽率低，出苗不齐，生长势弱，产量低。出苗以后温度适当降低，防止徒长，温度控制在15～18℃。2片真叶以后，温度保持在17～20℃，最高温度不得超过25℃，有利于光合作用。温度下降以后，当白天最高温度达到20℃以上，夜间温度在5℃以下时，关闭通风口以保持温度。对于播种期比较早，植株已长出8～10片叶，可不关闭通风口以降低温度，抑制生长，有利于植株越冬。翌年春棚内温度逐渐升高，返青以前不放风，促进土壤化冻，有利返青。返青以后注意温度变化，当棚内温度升高到22～25℃时放风。土壤全部化冻，进入旺盛生长期，温度在20℃以上时放风，保持生长适宜温度。

早春扣棚膜，返青以前不放风，有利于提高温度，促进返青。返青以后温度逐渐回升，当温度升高到22℃时开始放风，温度控制在20℃以下，有利生长。

## 97. 菠菜冬春塑料大棚栽培怎样进行肥水管理？

大棚菠菜每亩施底肥5 000千克。在施足底肥的基础上，根据不同时期进行追肥和灌水。播种时浇足底水，满足种子发芽所需水分。翌春扣大棚的菠菜在露地越冬，在越冬前根据土壤墒情，一般浇1～2次水，结合封冻水每亩施腐熟稀粪水500～800千克。返青以后，选晴天高温浇一次小水，进入旺盛生长期到收获，一般浇水2～4次，保持土壤湿润，结合浇水在返青后每亩追施硫酸铵25～30千克。冬扣大棚的菠菜在棚内越冬，棚内结冻前浇1～2次水，结合浇水，每亩追施硫酸铵15～20千克。棚内夜间结冻，白天融化时，结合浇封冻水，每亩施腐熟稀粪水500～1 000千克。翌春返青以后，肥水管理与春扣棚相同。菠菜根外追肥效果好，防止早衰，延长供应期，提高产量。返青时根系吸收能力弱，进行根外追肥，可喷0.2%～0.3%的尿素或0.4%～0.5%的硫酸铵。在收获前7～10天，为了满足生长对肥料的要求，加速生长，再同样喷一次。

## 98. 菠菜小拱棚越冬栽培如何进行品种选择?

越冬菠菜容易受到冬季和早春低温影响，开春后，一般品种容易抽薹降低产量和品质。因此，越冬菠菜小拱棚栽培首先要选择冬性强、耐抽薹、抗寒性强和丰产的品种。一般耐寒性强的品种具备以下特征：种子有刺，叶片多为近三角形，裂刻比较深，叶柄较长，叶面光滑，深绿色，根系发达。此外，经过越冬繁育的种子具备本品种的抗寒性，而当年播种、当年繁育的种子易退化，不耐寒。子粒的大小和饱满程度与抗寒性也有关系，子粒较大，充实饱满，比重大，耐寒性强。常用品种有：尖叶菠菜、菠杂9号、菠杂10号、诸城刺菠菜和青岛菠菜等。

## 99. 菠菜小拱棚越冬栽培怎样整地与施肥?

菠菜喜土层深厚、土质肥沃、腐殖质含量高、保水保肥能力强的土壤．播种前要精细整地，施足基肥，如果整地不细，施肥量少，幼苗生长细弱，耐寒力差，越冬死苗率高，返青后营养生长缓慢，易抽薹开花。前茬收获后，每亩撒施腐熟农家肥料3 500千克和过磷酸钙25～30千克，深翻20～25厘米，再刨一遍，使土、肥料拌匀，土壤保持疏松状态，有利于土壤湿度的提高，促进幼苗出土和根系活动。北方地区冬季严寒，宜平畦栽培，畦宽1～1.2米，长10～15米，两个畦面中间有12～14厘米宽的畦沟，便于灌水。

## 100. 菠菜小拱棚越冬栽培播种技术如何掌握?

播种技术主要包括播期、播种量和播种方法，具体如下：

（1）播期　越冬菠菜对播期要求非常严格，播早了，越冬时苗太大，耐低温能力弱，容易受冻害；播晚了，越冬时植株体小，抗寒力比较弱。6～10 片叶越冬能力强，在 6～10 片叶之间，苗龄越小耐寒力越强。因此，具体播种时间可参照当地常年播种期。

（2）播种量　作为越冬菠菜栽培的种子，应选秋天播种、翌年收获的种子，此种子比较饱满而且后代抗寒性可通过自然选择不断提高。播种量各地区之间差异较大，冬季严寒地区每亩用种量 10 千克左右。在不低于－10℃的地区为 4～5 千克。播种量适当，出苗后叶片受光良好，个体发育充分，群体产量也高。播种量过大，植株密生，营养面积小，光照不良，养分不足，易徒长，发黄或底叶枯黄，根系不发达，抗寒力差，越冬死苗率高，而且因植株生长受抑制，总产量低；播种量太少，出苗后叶片开张度过大，“蹲”在地上，反而生长缓慢，单株重量虽大，但因群体植株少，总产量降低。

（3）播种方法　一是撒播，畦宽 1～1.2 米，长 10～15 米，施足底肥，有利于种子发芽，将计划播种量按畦数称好分开，均匀撒播在畦面上，盖土 2.5～3 厘米；二是条播，行距 10 厘米，开沟深 2.5～3 厘米，播幅宽 7～8 厘米，浇足底水，水渗后种子均匀地撒播在播幅内，然后用土回覆整平。当表土见干后轻轻镇压，使种子与土壤密切结合，有利种子吸水发芽，出苗整齐一致。

## 101. 菠菜小拱棚越冬栽培怎样管理?

（1）适期浇封冻水　浇“封冻水”的具体时间应根据不同地

区和当年的气候情况而定，一般早在立冬前后，晚在冬至前后。浇水必须适量，以短时间内水分能完全下渗为好，切勿大水漫灌。结合浇“封冻水”，每亩追腐熟人粪尿1 000～2 000千克。在浇水时还应注意土质和地下水位的高低。沙质土在浇“封冻水”后如温度升高，表土干燥时再浇一次小水；黏质土浇水后地表易龟裂，可在次日地表面结冻时覆盖一层干细土或干粪，既可防龟裂，又可保墒，利于幼苗越冬。

（2）浇好返青水　越冬菠菜扣膜以后，白天温度可升高达25℃以上，夜间一般棚内温度比外界高1～4℃。土壤逐渐解冻，地温回升，当心叶开始生长时，选择晴天浇返青水，应选择气候变化比较稳定，浇水后有连续晴天时进行，浇水量要比露地越冬菠菜少。浇水应注意水量宁小勿大，防止降低土壤温度。结合浇返青水每亩顺水施硫酸铵20～25千克，或尿素10～15千克。

（3）温度管理　菠菜是耐寒性强的蔬菜，不耐高温，生长适宜的温度为15～20℃，温度超过25℃以上生长不良。小棚白天温度变化剧烈，容易烤苗，要及时进行放风。但在心叶未活动之前，应适当闭棚提高土壤温度，促进早返青。心叶开始生长后，棚内温度达到22℃时即可放风，夜间根据天气情况，要求最低温度大于5℃。覆盖越冬菠菜可以利用旧膜，旧膜增温速度慢，棚内温度比较低，保温性能不够好，因此棚内温度变化小，高温出现的时间几率少，菠菜质量比较好。

## 102. 出口菠菜生产关键技术在哪里?

出口菠菜生产关键技术体现在以下几点：

1）产地环境应符合GB/T18407.1—2001要求。以地势平坦、排灌方便、耕作层深厚、土壤肥力较高的沙壤土、壤土及轻黏土为宜。且以连片规模栽种为宜，不宜在稻茬田（冷板田）种植。

2）品种选用抗病、优质、丰产、抗逆性强、适应性广、长势强、商品性好，宜出口加工的全能、急先锋、安娜等大叶菠菜种。

3）播种以条播、点播为主。春播，在3月中旬至4月上旬；秋播，9月中下旬；越冬茬，10月中旬至12月中下旬。播后覆土1.5～2厘米，轻压、保墒助出苗。

4）播前耕翻、平整田块，作畦宽250厘米，沟宽25厘米，畦高20厘米。每畦播9行，行距25厘米，株距6厘米。每亩播种量0.7～0.75千克。

5）播种到齐苗期间应保持土壤湿润，生长期间如遇干旱，应及时浇水保湿，避免植株纤维化，降低品质。实行有机、无机结合，基肥、追肥结合的平衡施肥法。肥料应符合NY/T 496—2002要求。基肥，一般结合整地亩施腐熟有机肥1 500～2 000千克或施商品有机肥20～250千克，加施高浓度复合肥20～30千克。追肥，在生长前期的3～5叶期追肥一次，以速效氮肥为主，亩施尿素8～10千克，合理采用根外施肥技术。收获前15天内停止施肥。

6）病虫害应以预防为主，综合防治，优先采用农业防治、物理防治、生物防治，配合科学合理的化学防治。

选用抗（耐）病优良品种；实行轮作倒茬，加强中耕除草，清洁田园，合理密植，适时灌水，降低病虫源数量，控制田间湿度；采用银灰膜避蚜或黄板（柱）诱杀蚜虫和频振式杀虫灯诱杀成虫的物理防治方法；农药施用执行GB4285和GB/T 8321—2000的规定或按进口方的要求选用合适的药剂品种。用药严格控制用量和安全间隔期，不用化学药剂除草。

## 103. 出口菠菜采收与分级标准是什么？如何包装？

按收购标准要求待株高30厘米时开始采收，最高不超过45

厘米。一般秋茬菠菜播后75天左右采收；越冬菠菜在翌年3月采收。收获时，去掉枯叶、黄叶，整理后用筐装或扎带包装，装入专用塑料筐待售。同时操作人员应带好网帽。

菠菜产品分级

（1）一级标准

①根据市场要求切根或带根；②无病斑，无虫眼；③长度25～30厘米。

（2）二级标准

①根据市场要求切根或带根；②允许下部叶片有1～2处病斑、虫眼；③长度25～35厘米。

（3）三级标准

①允许有病斑、虫眼；②其他要求达不到一级、二级标准。

包装容器应整洁、干燥、牢固、透气、无污染、无异味、无内壁尖突物，包装材料应符合GB/T 8868的要求。包装规格，每批出口菠菜应同品种、同规格，所用的包装、单位净含量应一致。运输过程中应做到轻装、轻卸，严防机械损伤；应防热、防冻、防雨和通风换气。长途运输应有降温通风措施。运输工具应清洁、卫生并覆盖塑料网。

## 104. 菠菜产品出口质量标准是什么？

（1）感官　同一品种，叶色嫩绿，无枯叶、黄叶，无明显机械损伤、不腐烂、无异味和病虫害，并应符合表7的规定。

表7　感官指标

| 项　目 | 品　质 | 限　度 |
| --- | --- | --- |
| 风味 | 具有原品种应有风味 | 品质不良率小于30% |
| 异物 | 无 | |
| 老化 | 无 | |

（续）

| 项　目 | 品　质 | 限　度 |
| --- | --- | --- |
| 枯黄叶 | 无 | |
| 斑点 | 无 | |
| 变色 | 茎部、切口、机械伤处色变暗，及发黄菜心不良率在允许范围内 | 品质不良率小于 30% |
| 虫害 | 无虫咬痕迹 | |
| 冻伤 | 无 | |

注：品质不良项目为虫害、枯黄叶、异物、斑点、老化、变色（茎）、风味不良、抽薹。

（2）卫生指标　主要卫生指标应符合表 8 的规定。

**表 8　卫生指标**

| 项　目 | 指标/毫克/千克 |
| --- | --- |
| 六六六（benzene hexachloride） | ≤0.05 |
| 滴滴涕（DDT） | ≤0.02 |
| 氯氰菊酯（cypermethrin） | ≤1.0 |
| 溴氰菊酯（deltamethrin） | ≤0.5 |
| 氰戊菊酯（deltamethrin） | ≤0.5 |
| 毒死蜱（chlorpyrifos） | ≤1.0 |
| 辛硫磷（phoxim） | ≤0.05 |
| 百菌清（chlorothalonil） | ≤1 |
| 砷（以 As 计） | ≤0.2 |
| 铅（以 Pb 计） | ≤0.2 |
| 镉（以 Cd 计） | ≤0.05 |
| 铬（以 Cr 计） | ≤0.05 |
| 汞（以 Hg 计） | ≤0.01 |
| 氟（以 F 计） | ≤0.5 |
| 亚硝酸盐 | ≤4.0 |

注：出口产品按进口地区的要求检测；根据《中华人民共和国农药管理条例》高毒高残留农药不得在蔬菜生产中使用。

（3）规格　应符合表9的要求。

表9　规格指标

| 项　目 | 规　格 | 限　度 |
| --- | --- | --- |
| 长度 | 最长不得超过45厘米 | 规格不良率小于30% |
| 叶柄宽度 | 小于1厘米 | |

## 四、茼蒿无公害标准化生产技术

### 105. 茼蒿标准化生产标准有哪些？

茼蒿标准化生产应按照《无公害食品　茼蒿生产技术规程》（NY/T 5218—2004）进行，同时要遵循以下标准：《农药安全使用标准》（GB 4285）；《农药合理使用准则》（GB/T 8321，所有部分）；《肥料合理使用准则　通则》（NY/T 496）；《无公害食品　蔬菜产地环境条件》（NY 5010—2002）。设施栽培可采用塑料大棚、日光温室及遮阳网、防虫网。选择在地势平整、排灌方便、疏松、肥沃、保水、保肥的沙壤土栽培。

### 106. 茼蒿的营养与食用价值如何？

每100克茼蒿含蛋白质1.9克，脂肪0.3克，碳水化合物3.9克，膳食纤维1.2克，维生素A 252微克，胡萝卜素1 510微克，硫胺素0.04毫克，核黄素0.09毫克，尼克酸0.6毫克，维生素C 18毫克，维生素E 0.92毫克，钙73毫克，磷36毫克，钾220毫克，钠161.3毫克，镁20毫克，铁2.5毫克，锌0.35毫克，硒0.6微克，铜0.06毫克，锰0.28毫克等。

现代医学研究发现，茼蒿营养十分丰富，除了含有维生素A、维生素C之外，胡萝卜素的含量比菠菜高，并含有丰富的钙、铁，所以茼蒿也称为铁、钙的补充剂，是儿童和贫血患者的必食佳蔬。还有促进蛋白质代谢的作用，有助脂肪的分解。在火锅中加入一些茼蒿，可促进鱼类或肉类蛋白质的代谢作用，对营养的摄取颇为有益。

茼蒿中含有特殊香味的挥发油，有助于宽中理气，消食开胃，增加食欲。丰富的粗纤维有助肠道蠕动，促进排便，达到通腑利肠的目的。茼蒿含有丰富的维生素、胡萝卜素及多种氨基酸，并且气味芳香，可以清血化痰，润肺补肝，养心安神，稳定情绪，降压补脑，防止记忆力减退。茼蒿含有多种氨基酸、脂肪、蛋白质及较高量的钠、钾等矿物盐，能调节体内水液代谢，通利小便，清除水肿。

## 107. 茼蒿生长发育对环境条件有何要求？

茼蒿性喜冷凉，怕炎热，但适应性较广，在10～30℃温度范围内均能生长，以17～20℃为最适温度。29℃以上生长不良，12℃以下生长缓慢，能忍受短期－10～0℃的低温。种子10℃时即能发芽，以15～20℃最适宜。茼蒿是长日照作物，能耐弱光，高温、长日照可引起抽薹。茼蒿属浅根蔬菜，生长迅速，要求充足的肥水供应，应经常保持土壤湿润。对土壤要求不甚严格，但以湿润的沙壤土、pH 5.5～6.8 最适宜。

## 108. 茼蒿有哪几种主要类型？

茼蒿有大叶茼蒿和小叶茼蒿两大类型。大叶茼蒿又称板叶茼蒿、圆叶茼蒿，小叶茼蒿又称花叶茼蒿、细叶茼蒿。

大叶茼蒿：叶宽大，缺刻少而浅，叶厚，嫩枝短而粗，纤维少，品质佳，产量高，但生长慢，成熟略迟，耐寒性较差，栽培比较普遍。

小叶茼蒿：叶狭小，缺刻多而深，叶形细碎，叶薄，但香味浓，嫩枝细，生长快，品质较差，产量低，但较耐寒，成熟稍早，栽培较少，以北方为主。

## 109. 茼蒿栽培季节如何安排？

茼蒿在我国北方地区春、夏、秋都能露地栽培，冬季可进行保护地栽培。夏季栽培品质较差，产量偏低。春播，一般在3～4月份播种；秋播，在8～9月间可分期播种。而在南方除炎夏外，秋、冬、春都可栽培。长江流域春播从2月下旬到4月上旬，秋播从8月下旬到10月下旬，以9月下旬为最适播种期，10月下旬播种的可在次年早春收获。

茼蒿的栽培大多为直播，分为撒播和条播，条播行距10～15厘米，亩播种量3～4千克。

利用保护地栽培，主要考虑的因素是市场行情。一般11月上、中旬至12月中旬播种，元旦至春节上市，或1月下旬至2月上旬播种，3月中、下旬上市。

## 110. 如何根据茼蒿种子的特性进行种子处理？

茼蒿是植物学上的瘦果，褐色，有棱角，高温季节，茼蒿播种前要浸种催芽。具体方法是：将种子放入清水中浸泡10～12小时，捞出沥干水分，摊放在阴凉处催芽，每隔3～4小时喷凉水1次，3天后种子萌芽，当20%～30%的种子萌芽时，即可播种。也可用30℃左右的温水将种子浸泡24小时，捞出用清水冲洗去杂物及浮面的种子，晾干种子表面水分，在15～20℃温度下催芽。催芽期间每天检查种子并用清水淘洗1次，防止种子发霉。待种子有60%～70%“露白”时进行播种。

## 111. 茼蒿的需肥特性与配方施肥技术?

茼蒿属浅根性蔬菜，根系多分布在10～20厘米表土中，单株营养面积小，但生长速度快，且以嫩茎嫩叶为商品，故每亩基肥要求施用腐熟农家肥2 000～3 000千克、磷肥50～70千克、速效性氮肥50千克等，普施地面，耕翻整平作畦。在生长期间应适时随水追施速效性氮肥，每亩每次施用尿素15～20千克。特别要注意在每次采收前7～10天以上，停止追肥以保证产品的质量。

## 112. 茼蒿主要病虫害有哪些？如何防治？

茼蒿主要病害有霜霉病、叶枯病、叶斑病、立枯病、炭疽病、菌核病、细菌性萎蔫病等；主要害虫有蚜虫，近年发现亦有潜叶蝇为害。

病害可采用以下农业与药剂方法防治：①采用深沟高畦栽培。②改撒播为条播或穴播，或实行壮苗移植。③实行轮作，加强田间管理。④药剂防治，幼苗期可用1∶1∶200波尔多液喷施1次，发病初期开始喷洒50%苯菌灵可湿性粉剂500倍液、50%扑海因可湿性粉剂1 500倍液，隔7～10天一次，连续防治2～3次。虫害可选用艾美乐等药剂防治。茼蒿病虫害防治常用化学药剂和使用方法见表10。

**表10　茼蒿病虫害防治常用化学药剂和使用方法**

| 主要病虫害 | 药剂名称 | 剂　型 | 使用方法 | 最多施药次数 | 安全间隔期（天） |
|---|---|---|---|---|---|
| 猝倒病 | 百菌清 | 75%可湿性粉剂 | 500倍液喷雾 | 3 | 7 |
| 叶枯病 | 甲霜灵 | 65%可湿性粉剂 | 1 000～1 500倍液喷雾 | | |
| 霜霉病 | 速克灵 | 50%可湿性粉剂 | 2 000倍液喷雾 | | |

（续）

| 主要病虫害 | 药剂名称 | 剂　型 | 使用方法 | 最多施药次数 | 安全间隔期（天） |
|---|---|---|---|---|---|
| 病毒病 | 病毒A |  | 500～1 000倍液喷雾 | 3 | 7 |
|  | 病毒宁 |  |  |  |  |
| 蚜虫 | 抗蚜威 | 50%可湿性粉剂 | 2 000～3 000倍液喷雾 | 3 | 7 |
| 潜叶蝇 | 乐果 | 40%乳油 | 2 000倍液喷雾 |  |  |
| 小菜蛾 | 氯氰菊酯 | 25%乳油 | 2 000倍液喷雾 |  |  |
| 菜青虫 | 毒死蜱 | 48%乳油 | 每亩用50～75毫升 |  |  |
|  | 敌敌畏 | 80%乳油 | 每亩用100～200毫升 |  |  |
|  | 抑太保 | 5%乳油 | 1 500倍液喷雾 |  |  |
|  | 卡死克 | 5%乳油 | 300倍液喷雾 |  |  |
|  | 印楝素 | 2%乳油 | 1 000～2 000倍液喷雾 |  |  |

## 113. 茼蒿日光温室冬春栽培技术要点是什么？

冬季和早春温室中温度比较低，光照弱，而茼蒿比较耐低温、喜冷凉，不耐强光，光饱和点及光合强度都比较低。因此，适于温室栽培。一般播种期，北方地区在10月上旬至11月中旬，春节期间收获。

（1）施肥整地　每亩施优质有机肥2 000～3 000千克，过磷酸钙50～100千克，碳酸氢铵50千克然后深翻，混匀土壤和肥料。整平后做成1～1.5米宽的畦，畦面耙平、踩实。

（2）播种　可用干籽播种或催芽后播种。催芽播种时，把种子放在30℃温水中浸泡24小时，淘洗晾干后放在15～20℃条件下催芽。每天用温水淘洗一次，3～4天出芽。播种可用撒播或条播，每亩用种子量1.5～2千克。条播时，在畦内按15～20厘米行距开沟，沟深1厘米，然后在沟内浇水，沟内水渗后播种再覆土；撒播时，畦面浇水，待水渗后撒播种子再覆土1厘米厚。

(3) 田间管理

①水肥管理：播种后要保持地面湿润，以利出苗。苗高3厘米时开始浇水，苗高10厘米左右时第一次追肥，随水每亩追尿素10～15千克。全生育期浇水2～3次，追肥2次。

②温度管理：播种后要加强保温促出苗，白天温度20～25℃，夜间温度10℃；出苗后白天温度15～20℃，夜间8～10℃，注意防高温。

③间苗：当植株长有1～2叶时进行间苗，苗距为4厘米×4厘米。条播的要进行疏苗，不要过密。

茼蒿可一次性收获，也可分期收获。一般播后40～50天，当苗高20厘米左右时即可一次性收割，也可进行疏间采收或分次收割。分次收割是每次保留1～2个侧枝进行割收，然后浇水追肥，促进侧枝萌发生长，隔20～30天再收割一次。

## 114. 茼蒿小拱棚早春栽培的技术要点有哪些?

(1) 整地扣棚　选择背风向阳、疏松肥沃沙壤土地。在上年秋封冻前翻地深20厘米，每亩施基肥4 000千克，耙平整细做畦，畦宽1米，畦长15～20米，畦东西延长，封冻前挖好拱棚支架坑，以备翌年春提早埋支架，拱棚宽2～4米。用竹片、竹条或钢筋等材料做半拱形支撑架，于2月上旬至3月上旬扣棚膜并拉紧压实，防止风刮损坏。棚扣好以后封闭，促进土壤早融化，提早播种。

(2) 精细播种　在2月下旬至3月下旬，当5厘米深土壤温度稳定在10℃时播种。条播简单方便，省工省力，行距7～8厘米，播幅7～8厘米，播种后踩实，使种子与土壤密切结合，有利种子吸足水发芽膨胀，覆土1.5厘米厚。播后扣棚，出苗前不放风，10天左右出苗。每亩用种子3.0～3.5千克。

(3) 温度管理 茼蒿出苗以后，保持温度在17～20℃，超过25℃及时放风。

(4) 适期收获 收获期比露地提早15～20天，有两种收获方法：一次性收获连根拔；分期割收的留2～3个侧枝，收后揭除棚膜，加强肥水管理，促进生长，可继续采收2～3次。

## 五、芫荽标准化生产技术

### 115. 芫荽的主要营养及食用价值如何？

芫荽别名香菜、胡荽、香荽等，是伞形花科芫荽属一年生草本植物，以叶及嫩茎供食用。每100克食用部分含维生素C135毫克、钙184毫克，还含有其他营养物质。因具香气，在中国芫荽用作调味品，也可装饰拼盘。中国传统医学认为果实可入药，有祛风、透疹、健胃及祛痰的功效。种子含油量达20%以上，是提炼芳香油的重要原料。

### 116. 芫荽有哪些优良品种？

芫荽依叶片大小可分小叶品种、大叶品种两种。优良品种有：

(1) 山东大叶 山东地方品种。株高45厘米，叶大，色浓，叶柄紫，纤维少，香味浓，品质好，但耐热性较差。

(2) 北京芫荽 北京市郊区地方品种，栽培历史悠久。嫩株高30厘米左右，开展度35厘米。叶片绿色，遇低温绿色变深或有紫晕。叶柄细长，浅绿色，亩产量为1 500～2 500千克。较耐寒、耐旱，全年均可栽培。

(3) 原阳秋芫荽 河北省原阳县地方品种。植株高大，嫩株高42厘米，开展度30厘米以上，单株重28克，嫩株质地柔嫩，香味浓，品质好，抗病、抗热、抗旱、喜肥。一般每亩产量为1 200千克。

（4）白花芫荽　又名青梗芫荽，为上海市郊地方品种。香味浓、晚熟、耐寒、喜肥、病虫害少，但产量低，每亩产量为600～700千克。

（5）紫花芫荽　又名紫梗芫荽。植株矮小，塌地生长，株高7厘米，开展度14厘米。早熟，播种后30天左右即可食用。耐寒，抗旱力强，病虫害少，一般每亩产量为1 000千克左右。

（6）泰国耐热大粒芫荽　江苏中江种业股份有限公司从泰国引进的最新改良品种。特耐热，出苗整齐，生长速度快，产量高。叶色翠绿，香味较浓，纤维少，品质特优，商品性好，是夏季高效栽培的最理想品种。

## 117. 芫荽的主要栽培季节和栽培方式有哪几种?

芫荽在长江流域春、秋季均可播种，近来夏、冬季反季节栽培面积有所增加，但以日照较短、气温较低的秋季栽培产量高、品质好。春播易抽薹。春播在惊蛰到春分之间，夏播在4～8月播种，秋播一般在8月下旬至11月播种。

芫荽可采取撒播或条播方式。条播方便管理，一般按垂直于畦方向每隔10厘米开浅沟，密播，每亩种用量2～3千克。播后盖薄土，使种子不外露，淋足水分。为防止杂草发生，每亩可用拉索100毫升对水50千克均匀喷湿畦面。夏季栽培可再在畦面覆盖一层水草，以起保湿降温作用。芫荽耐热性差，4～8月播种的，要搭荫棚覆盖遮阳网降温，棚高1米左右为宜。

## 118. 芫荽的整地要求有哪些?

选择排灌方便、土质疏松肥沃的地块，前茬作物收获后及时

深翻20～25厘米，晒土15天，要避免连茬。为便于使用遮阳网，做成畦宽120厘米、高20厘米、沟宽30厘米的深沟高畦。芫荽生长期较短，结合整地，每亩施腐熟人粪尿3 500千克、饼肥150千克、钙镁磷肥50千克作基肥，要整细整平畦面表土，以利整齐出苗。

## 119. 芫荽种子处理技术要点是什么？

因芫荽果实为圆球形，内包2粒种子，在高温下发芽困难，播种前须将果实搓开，以利出苗均匀。将种子用1%高锰酸钾液或50%多菌灵可湿性粉剂300倍液浸种30分钟后捞出洗净，再用清水浸种20小时左右，置于20～25℃条件下催芽后播种。也可将种子直接在清水中浸泡24小时，然后在20～25℃下催芽，一般8～10天可出芽。

## 120. 芫荽夏季播种技术的要点有哪些？

夏秋反季节栽培芫荽，一般在5月中旬至7月上旬播种，具体视当地气候条件而定。具体技术要求是：选择肥沃疏松的土壤，施足基肥，提高土壤的保水保肥能力，改善土壤的团粒结构；其次要精细整地，做到畦面平整，土壤块细松，利于出苗整齐；每亩撒播用种量为8～10千克。播后浇透水，覆土1厘米，然后覆盖1～2厘米厚的稻草或覆盖遮阳网保墒促苗。出苗期间如土壤干旱应及时补水，出苗后选在傍晚或阴天及时揭去稻草或遮阳网。

## 121. 芫荽施肥技术要点是什么？

芫荽因生长期短，宜早除草、早间苗、早追速效性氮肥。一般应在齐苗后7天左右进行间苗，2片真叶时定苗，苗距3～4厘米。通常8天左右浇一次水，苗高3厘米时开始追肥，每亩追施尿素8～10千克和硼肥250克。以后结合浇水（隔次），用300倍正丰生态肥加0.3%尿素液进行叶面追肥。后期施叶面肥时应添加适量的磷酸二氢钾。在采收前半个月，宜喷洒25毫克/千克的赤霉素溶液，以促使叶柄伸长，叶数增多，产量提高。

## 122. 芫荽易发生哪几种病害？如何防治？

近年来，芫荽已形成以保护地（温室、大、中棚）生产为主的周年种植模式，但随着芫荽种植面积的不断扩大和连年的重茬种植，芫荽病害也越来越严重。主要病害有：

（1）菌核病　芫荽菌核病的发生最普遍，尤其是在保护地中，发病率可达50%以上。原因是菌核在土壤中可长期存在，温室的周年生产，给病菌的繁殖提供了有利条件，所以菌核病在芫荽整个生长期均可发病。主要症状表现为：侵染茎基部或茎分杈处，病斑扩展环绕一圈后向上向下发展，潮湿时，病部表面长有白色菌丝，随后皮层腐烂，内有黑色菌核。防治菌核病的方法是防和治并重，生态防治和药物防治并举：①实行轮作，或进行土壤消毒，用4%五氯硝基苯，每亩用量1千克加细土50千克，拌匀后施入土壤中。②用无病种子或药剂拌种。③扣棚后喷施1 000倍液菌核净一次，10天后再喷一次，以后每7～9天喷一次。④生态防治，整个生长期要加强放风，降低湿度以减轻病害发生。

（2）叶枯病（斑枯病）　一般点片发生，但一旦发病，病情即迅速蔓延，造成的危害比较严重。主要危害叶片，叶片感病后变黄褐色，湿度大时则病部腐烂，严重的沿叶脉向下侵染嫩茎到心叶，造成严重减产。因此，对这种病害要特别注意防治。这种病害可能是种子带菌，可采取以种子消毒为主的预防措施，方法是用克菌丹或多菌灵500倍液浸种10～15分钟，冲洗干净后播

种。其次是加强管理，在扣棚初期湿度偏高时要注意放风排湿。第三，发现病害要及时喷药防治，用多菌灵600～800倍液、代森锰锌600倍液、70%甲基托布津800～1 000倍液、百菌净500倍液，两种以上混合使用效果更佳。

（3）猝倒病　出苗后5天，用杀菌剂3%多氧清800倍液喷雾一次，以后每隔7天用3%多氧清600倍液喷一次，共2～3次，可防止猝倒病发生。

## 123. 芫荽高产栽培的技术关键是什么?

（1）避免重茬　要在3年内未种过芫荽、芹菜的地块上种植，以防发生株腐病（又称死苗或死秧）等土传病害。

（2）种子处理　将芫荽种子搓开，用15～20℃的清水浸种12～24小时（中间换水一次），捞出后沥出多余水分，稍晾一下，装入湿布袋里，每袋装入0.5千克左右，然后保温催芽。寒冷季节催芽，要在棚内或不冻土的地方挖坑，坑深30～40厘米，长、宽为25～35厘米，坑底铺上一层6～7厘米厚的麦糠草，将装有种子的湿布袋置于坑内，上面盖一层细软草，然后用塑料薄膜将坑口盖严，薄膜上再盖草遮阴。在催芽过程中，每天将种子取出用10～20℃温水淘洗一次。也可用5毫克/升赤霉素对水6 000倍液浸种12～14小时，代替低温浸种催芽。

（3）整地施肥　用有机肥、磷素化肥作基肥，施用的有机肥要经过充分发酵腐熟和细碎，施用的磷素化肥应是速效的，一般每亩施有机肥2 000千克、磷酸二铵75千克。施肥后翻耙2～3遍，使肥土混合均匀，畦面上松下实，然后耧平畦面，待播种。

（4）播种方法　播种前浇足底水，待水渗下后即行播种。为使土壤浇水后不发生板结而影响发芽，可在撒播种子后盖0.5～0.8厘米厚的细沙。每亩用种量1.5千克左右。速生小苗上市供应时要高度密植，每亩用种10千克以上。芫荽出苗后3～4天小水灌浇一次。寒冷季节在保护设施内育苗，要及时防晴日午间高温并每日轻洒一遍水。

(5) 施除草剂　播种后出苗前，每亩用48%氟乐灵（茄科宁）乳油50克对水50千克，或50%利谷隆可湿性粉剂60克对水50千克，均匀喷于畦面，并保持畦面湿润。芫荽出苗后每亩用50%扑草净可湿性粉剂50克对水50千克喷洒。

## 124. 芫荽日光温室栽培技术要点有哪些?

(1) 整地施肥　芫荽喜疏松肥沃土壤，前茬蔬菜收获后要及时施肥整地，每亩可施优质农家肥2 000～3 000千克，磷酸二铵30～50千克，翻耕使肥料与土壤混匀，按100厘米宽做畦。

(2) 适时播种　播种前将种子搓开，浸种催芽后播种，也可干籽直播。播种分撒播和条播。条播时在畦内按20厘米宽划深1厘米的沟，然后播种，每亩用种量4～5千克。播后耧平踩实，浇足水。撒播可先平畦再浇水，然后撒籽，覆土1厘米厚左右。播种时期应据市场需要和温室茬口安排情况而定。

(3) 播种后管理

1) 温度管理：播种后温度宜高，白天温度20～25℃，夜间温度10～15℃。出苗后温度降低为白天17～20℃，夜间10℃左右。

2) 水肥管理：出苗后浇一次水，以后保持土壤见湿见干。收获前15～20天浇一次水，并随水每亩追施尿素20～30千克，或用硫酸铵30～50千克。

(4) 收获　播后50天左右，植株高20～30厘米时即可开始收获。每亩产量1 500千克左右。

## 125. 芫荽小拱棚春早熟栽培技术要点有哪些?

(1) 整地做畦　选择背风向阳、早春地温比较高、土壤肥沃

的地块。上年秋天每亩施基肥3 000千克，深翻地20～25厘米，打碎土块做畦，畦宽1米，长7～8米，春天表土化冻5厘米深时条播。行距7～8厘米，沟深2厘米。

（2）播种扣棚　播种前将种子搓开，浸种催芽后播种，也可干籽直播。播种方法有条播和撒播两种。条播比较简单方便，行距7～10厘米，开沟深2厘米，播幅5～7厘米，播后耧平畦面覆盖种子，每亩用种量1.5～2千克。撒播的一般覆土2厘米，然后镇压一遍（或踩一次），以利保墒。播后灌水，出苗前灌水1～2次，原则是小水勤灌，保证7～10天出齐苗。播种、浇水结束后，应立即扣棚膜。膜要拉紧压住，防止被风刮坏。在早春温度较低的地区，也可提前扣拱棚，然后再进行播种。

（3）栽培管理　出苗以后，应加强温度和肥水管理。白天温度保持在15～20℃，温度升高到20℃以上时要及时放风；外界温度稳定在7～8℃及以上，逐渐加大放风，晚间不闭风口，最后揭去塑料膜。肥水管理：①苗高4～5厘米时，每亩顺小水施硫酸铵10～15千克，施肥后注意放风，防止徒长。②株高6～7厘米时，顺水亩追硫酸铵20～25千克。③当苗高10厘米以上时，结合疏苗进行收获，生长期60天左右。

## 126. 芫荽小拱棚秋延后栽培技术要点有哪些？

秋延后栽培芫荽，当外界温度下降到15℃时，扣棚覆膜。扣棚前5～7天顺水追施一次肥，亩用硫酸铵20千克左右，或腐熟的稀人粪尿500千克。秋季气候较复杂，要注意温度变化，防止突然高温。一般情况下不放大风，每天在小拱棚两头放小风排湿，防止湿度过高引起病害。在棚内夜间结冻白天化冻时收获。

## 127. 芫荽夏秋反季节栽培的关键技术有哪些?

芫荽因喜冷凉，一般在冬春季节栽培。近年来采用遮阳网覆盖，实现了高温季节芫荽高效栽培，一般亩产量达 500～600 千克。其配套的关键技术如下：

(1) 良种催芽　夏秋（7～9 月）反季节栽培芫荽，宜选用耐热性好，抗病性、抗逆性强的品种，以隔年收获的未霉变种子为佳。不宜选用当年收获的种子，原因是当年 6 月刚收获的种子未经过充分的后熟作用，发芽率低，不耐高温，生长势较弱。为促进发芽，可将种子用 1%高锰酸钾溶液或 50%多菌灵可湿性粉剂 300 倍液浸种 30 分钟后捞出洗净，再用凉清水浸种 20 小时左右，在 20～25℃条件下催芽后播种。

(2) 整地施基肥　夏秋之际栽培芫荽，经常会受到高温干旱或台风暴雨袭击，所以田块应选择在排灌畅通、水源清洁的地方。整地时每亩施腐熟有机肥 2 500～3 000 千克、氮磷钾三元 (15-15-15) 复合肥 25～30 千克做基肥，耙碎大土块，清除田间杂草根茎，然后根据遮阳网的规格做成不同宽度的畦。

(3) 播种保湿　为了保证芫荽在国庆节前后上市，播种应掌握在 7 月中旬至 8 月上旬。因伏天气温高，影响出苗，播种时应适当加大干籽用量，一般每亩用种 6～8 千克。播种要均匀，播后用耙耧平，使种子与土壤充分接触。然后用遮阳网浮面覆盖，遮阴保湿。干旱天气一般 2～3 天用喷壶喷水一次。经过 7～8 天芫荽可基本齐苗，此时应在傍晚轻轻抽去浮面上的遮阳网，改为平棚覆盖（距地面 80 厘米左右）或小拱棚覆盖。待芫荽长出2～3 片叶后，于晴天上午 9 时盖网，下午 5 时后揭网。遇雷阵雨天气要及时盖遮阳网和农膜，防止暴雨冲刷造成翻根。在苗龄 30 天后，根据长势及天气变化情况，每天逐步减少盖网时间，直到不盖网。

（4）精细管理 高温季节水分蒸发量大，应及时补充，保持土壤湿润，这是确保芫荽高产优质的关键。出苗后一般4～5天浇一次水，2～3片真叶时进行人工间苗、除草，并亩施腐熟有机肥1 500～2 000千克，以后每7～10天浇水施肥一次。结合浇水，每亩追施尿素7～8千克，并喷施20～25毫克/千克赤霉素溶液，促进快速生长。

（5）病虫害防治 芫荽虫害较少。病害主要有苗期猝倒病，成株期病毒病、炭疽病和斑枯病。出苗后5天，用3%多氧清800倍液喷雾一次，以后每隔7天用多氧清600倍液喷1次，共喷2～3次，可防止猝倒病、炭疽病和斑枯病。防治病毒病时，可采用防虫网覆盖，防止蚜虫传毒。必要时用20%吡虫啉可湿性粉剂20克对水50千克叶面喷施灭蚜。

（6）适时采收 苗龄35～40天，待苗高20厘米左右时，即可分批间收，供应市场。每采收一次追一次肥。值得注意的是，高温季节播种的芫荽当年抽薹，应及时采收，不能留种。

## *128.* 芫荽的贮藏与保鲜技术如何掌握？

芫荽耐寒力强，受冻后经缓慢解冻，仍然鲜嫩如初。用于贮藏的芫荽，应选香味浓、纤维少、叶柄粗壮、棵大的耐藏品种。贮藏方法有以下几种：

（1）床坑冻藏法 11月初把芫荽从地里收起，摘掉黄叶、烂叶，根对根成行摆齐在床坑内，厚度不超过0.2米。当温度降到－10℃以下时，上面要盖一层15厘米厚的沙子。如果温度继续下降，可以加盖两层草苫子，这样可以贮藏到翌年1月份。

（2）地沟冻藏法 在背风遮阳处挖宽30厘米、深3厘米的沟，将准备贮藏的芫荽于地面刚刚上冻时采收，剔除黄叶，去掉泥土，捆成1.0～1.5千克/捆，根向下放于沟内，叶面覆盖沙土或秸秆。随气温下降，加盖覆土2～3次，总厚度20～25厘米。

保持沟内温度－5～－4℃，使芫荽叶冻结而根不冻。贮藏期可到翌年2月下旬。

(3) 气调贮藏法　选棵大健壮无病虫害的芫荽，带1.5厘米长的根收获，剔除黄叶，捆成0.5千克一束，入库上架，在0℃下预冷12～24小时。然后将芫荽装入0.08毫米厚、1米长、0.85米宽的聚乙烯塑料薄膜袋内，每袋装8千克，扎紧袋口。定期测定袋内气体成分，当$CO_2$浓度达到7%～8%时开袋放风。此法可贮藏到翌年5月份。

## 六、蕹菜标准化生产技术

### 129. 蕹菜的营养与食用价值如何？

每100克蕹菜含水分90.1克，蛋白质2.3克，脂肪0.3克，碳水化合物4.5克，粗纤维1克，灰分1.8克，胡萝卜素2.14毫克，维生素$B_1$为0.06毫克，维生素$B_2$ 0.16毫克，维生素C 28毫克，钙100毫克，磷37毫克，铁1.4毫克，钾218毫克，钠157.8毫克，镁30.7毫克，氯130毫克。

蕹菜含粗纤维较丰富，具有促进肠道蠕动、通便解毒的作用，特别是其中的果胶能使体内有毒物质加速排泄，所含木质素能提高巨噬细胞吞食细菌的活力，起到杀菌作用。

蕹菜所含矿物质和维生素既丰富又均衡，能积极参与体内酸碱平衡的维持，常吃蕹菜还有降脂、防治动脉硬化作用。近年有研究发现，紫色蕹菜中含胰岛素成分，有一定降糖作用，这与古籍中蕹菜能治“消渴”（糖尿病）的记载相符。此外，蕹菜富含叶绿素等活性物质，有洁齿防龋、健美皮肤功效，堪称美容佳品。

祖国医学认为，蕹菜味甘性微寒，能清热解毒，凉血利尿，能解野葛毒。蕹菜具有清热解毒、利湿、止血的功效。主治鼻

衄、便秘、淋浊、便血、痔疮、痈肿、折伤、蛇虫咬伤等病症。

## 130. 蕹菜对环境条件的要求如何?

蕹菜性喜高温，种子萌发需15℃以上；腋芽萌发初期须保持在30℃以上；蔓叶生长适温为25～30℃。温度高，蔓叶生长旺盛，采摘间隔时间缩短。蕹菜能耐35～40℃的高温，15℃以下蔓叶生长缓慢；10℃以下蔓叶生长停止，不耐霜冻，遇霜茎叶即枯死。

蕹菜喜较高的空气湿度和湿润的土壤，耐湿，耐涝。环境过干，藤蔓纤维增多，粗老不堪食用，大大降低产量和品质。

蕹菜喜光照充足，但对密植的适应性也较强。对土壤条件要求不严格，但因其喜肥喜水，仍以比较黏重、保水保肥力强的土壤为好。蕹菜叶梢大量而迅速地生长，需肥量大，耐肥力强，对氮肥的需求量特别大。

蕹菜属高温短日照植物，在短日照条件下才能开花结籽。

## 131. 蕹菜的主要类型有几种? 植株形态上有何区别?

蕹菜依其结籽与否分为子蕹与藤蕹；根据其茎秆颜色的不同又分为紫梗、白梗和青梗三种；根据栽培形式的不同又分为旱蕹和水蕹。

（1）子蕹　用种子繁殖，耐旱力较藤蕹强，一般栽于旱地，也可水生。可分为：①白花子蕹：花白色，茎秆绿白色，叶长卵圆形，基部心脏形。适应性强，质地脆嫩，产量高，栽培面积广，全国各地均有栽培。②紫花子蕹：花紫色，茎秆、叶背、叶脉、叶柄、花萼等带紫色，花呈淡紫色。栽培面积较小，广西宜山及湖南、湖北均有栽培。

（2）藤蕹　用茎蔓繁殖，一般很少开花，难结籽。质地柔嫩，品质较子蕹佳，生长期长，产量高。虽可在旱地栽培，但一般利用水田或沼泽地栽培。

## 132. 蕹菜有哪些优良品种？

白花子蕹主要品种有杭州白花子蕹、广州大骨青、大鸡白、大鸡黄、吉安蕹菜、青梗子蕹、白壳、剑叶等品种，以水生为主，也可旱植。其中大骨青为早熟品种，大鸡白为高产品种。

紫花子蕹主要品种有湖北红梗竹叶菜、四川小蕹菜、龙游空心菜等。

藤蕹主要品种有广州的细通菜和丝蕹、湖南的藤蕹、江西吉安大叶蕹菜、江西水蕹、湖南的藤菜、四川大蕹菜等。

## 133. 蕹菜的繁殖方法有哪几种？

蕹菜的繁殖分为种子繁殖和无性繁殖两大类。

用种子繁殖有直播和育苗两种方法。早春播种，由于气温较低，出芽缓慢，如遇低温多雨天气，容易烂种。播种前先进行浸种催芽，并用塑料薄膜覆盖育苗，可解决烂种问题，并可提早上市。早春撒播，每亩用种量 10 千克，如育苗并间拔上市者播种量在 20 千克以上。

无性繁殖的也有育苗和直播两种方法。如四川育苗法，即将贮藏的藤蔓，先在 25℃左右的温床催芽，苗高 10～12 厘米扦插于背风向阳的水田中，以进一步扩大繁殖系数，然后再扦插于大田。长沙是将去年留好的藤蔓直接平植于大田沟内，待发出幼苗长达 33 厘米以上时，进行压蔓，以便再生新根，促发新苗。以后经常压蔓，直至布满田块，分期采收上市。广州是用隔年的宿根长出新侧芽定植于大田来进行扩繁。

## 134. 蕹菜的主要栽培季节和配套栽培方式有哪几种？

蕹菜的主要栽培季节分春、夏、秋季，长江中下游地区一般在4月份播种，四川在3月中下旬播种，广州早熟品种在12月份即可播种，中晚熟品种2～3月份播种。

蕹菜栽培方式有三种：①旱地栽培，宜选择湿润而肥沃的低地直播或移栽，栽植株行距15厘米左右。②水田栽培（浅水栽培），选择能排能灌、向阳、肥沃、泥层浅的田块栽植。③浮水栽培（深水栽培），利用泥层厚而肥沃的深水塘或河沟栽培。

## 135. 蕹菜播种育苗有哪些技术要点？

（1）浸种催芽　蕹菜种皮厚而硬，早春气温低，出芽缓慢，如遇低温多雨天气，容易烂种。播前浸种催芽，可以解决烂种问题，达到提前播种，提早上市的目的。具体方法是用50～60℃温水浸泡30分钟，然后用清水浸泡24小时，直接播种或置于30℃下进行催芽，60％种子露白时即可播种。

（2）适宜播种量　蕹菜可以采用育苗移栽，通常苗床面积与大田面积之比为1∶15。整好苗床后，将经过处理的种子均匀撒播于畦上，覆土1厘米左右，再用塑料薄膜覆盖保温。

蕹菜在生产上直播也是比较常用的方法，播种量一般是早播量大，随着时间的推迟，播种量逐步减少。早春采用撒播，每亩播种28～30千克；迟播者可条播或点播，每亩播种量可减少到5～10千克。

撒播或条播均可，撒播应将种子均匀地撒在畦面上，再用木板在畦面上均匀地拍打，使种子与土壤结合紧密，有利于吸收水分，促进发芽。条播要先在畦面上横划出一条条沟距15厘米、深2～3厘米的小沟，然后将种子均匀地播在沟内。覆盖1～2厘米预先准备好的床土，浇足水。

为保证苗期有充足的养分，减轻中间除草对蕹菜根部的伤害，在种子播下未覆土前，每亩均匀撒施N、P、K复合肥10千克。覆土淋水，在畦面水完全渗入土壤后，用50%的丁草胺乳油2 000倍液喷施，抑制杂草生长。

（3）加强苗期管理　齐苗后，选无风晴天中午温度较高时，边揭膜边喷一次水，促幼苗迅速生长。以后温度低时，盖膜保温；温度高时，揭膜通风排湿，甚至阴雨天气也要适当揭膜换气，以免闷死秧苗或烂根倒苗。一般苗高7～10厘米，外界温度达15℃以上时可揭除薄膜，揭膜前应通风炼苗。

## 136. 蕹菜的田间管理要点有哪些？

蕹菜的田间管理要点是："多浇水，多施肥，勤采摘，勤清茬"。因此，在栽植前一定要施足基肥，亩施腐熟粪肥2 500千克或堆肥3 500千克。浇过缓苗水以后，要经常保持土壤湿润，缺水会降低品质，影响产量。施肥以氮肥为主，每5～7天追一次肥，亩施尿素20千克或稀粪500～750千克，棚温控制在25～35℃。当株高25厘米左右时要及时采摘，采收后要及时清理黄叶、枯叶、老茎。

## 137. 蕹菜的病虫害如何防治？

蕹菜病害主要是白锈病，防治上要做到严格轮作，注意田间排水和间苗通风，发现病害及时摘除病枝病叶，并喷施58%甲霜灵·锰锌500倍液，或64%杀毒矾500倍液进行防治。

害虫主要有斜纹夜蛾、甜菜夜蛾、地老虎等，可用2.5%功夫5 000倍液，或5%抑太保、卡死克乳油2 000倍液防治。

## 138. 蕹菜塑料大棚栽培怎样进行灌水、施肥及温湿度管理？

蕹菜需水量大，大棚早栽时要保持土壤湿润和较高空气湿度，每天淋水2次。但若遇长时间阴雨天，相对湿度长时间在100%时，会诱发病害，此时要适当减少淋水次数和水量，并且在无雨天，气温在15℃以上的中午进行通风降湿。在寒潮、大风天或夜晚，要做好大棚的密封保温工作，保证棚内温度在12℃以上，10℃以下会受冻而死亡。阳光充足、温度较高的白天，棚内气温超过35℃时，要及时打开棚的两边，进行通风降湿，防止徒长和病害的发生。

蕹菜生长快，需肥量大，要及时追肥。当蕹菜子叶完全展开、第一片真叶长出时，进行第一次追肥，每亩施三元复合肥20～25千克。在第三片真叶完全展开时，第二次追肥，追肥量与第一次相同。在整个生长过程中，每隔5～10天用0.2%的尿素稀释液叶面追肥一次。

## 139. 蕹菜早熟栽培关键技术有哪些？

蕹菜早熟栽培关键技术有：①选用当年采收的种子。②浸种催芽。③利用大棚设施进行多层覆盖，4月前以大棚内套小拱棚双膜覆盖，寒冷天气还应加盖无纺布或草帘。前茬作物收获后及早翻耕晒垡、密闭大棚，提高土壤温度。④提早播种，增加播种量。为了提早上市和延长采收期，可提早到1月下旬至2月上旬播种，每亩播种28～30千克。⑤加强田间管理。幼苗长出真叶后，即可喷洒0.1%的尿素液或浇10%的腐熟粪水。前期为了有利于地温的升高，不宜浇水过多，施肥可选用尿素、复合肥等叶面喷施。生长期间，白天棚内温度要保持在25～30℃，晚上不低于13℃。⑥及时采收。当苗高25厘米时即可进行间拔采收，也可在基部留2～4片叶采摘上市。

## 140. 蕹菜如何采收？

多次收获的蕹菜适时和恰当的采收是优质高产的关键。幼苗高20厘米时可间拔采收，当主蔓或侧蔓长达30厘米时采收嫩梢。温度不高，生长较慢时，可隔10天左右采收一次，而旺盛生长期须每周采摘一次。第一、二次采收嫩梢时，留主蔓基部2～3节采摘，以促萌发较多的侧蔓而提高产量，以后仅留1～2个芽即可。采收后及时清理黄叶、枯叶、老茎。若留芽过多，发生侧蔓过多，营养分散，生长纤弱缓慢，影响产量和品质。

## 141. 蕹菜产品如何分级？

（1）一级标准

①新鲜洁净，色泽优良，质地脆嫩；②无病斑，无虫眼，株形端正；③长度30～40厘米。

（2）二级标准

①新鲜洁净，色泽良好，质地脆嫩；②允许下部叶片有少量虫眼；③长度20～40厘米。

（3）三级标准

①允许有病斑、虫眼；②其他要求达不到一级、二级标准。

# 七、苋菜标准化生产技术

## 142. 苋菜的营养与食用价值如何？

苋菜别名苋，是苋科中以嫩茎叶为食的一年生草本植物。苋

菜富含铁、钙、维生素C和胡萝卜素，营养丰富，以幼苗、嫩茎叶作菜食用，可炒食、做馅、做汤或取其老茎腌渍蒸食。全株可入药，具有清热去湿、补血止血、通利小便等功效。

## 143. 苋菜有哪些优良品种?

苋菜的品种很多，从野生品种到栽培品种，各地普遍存在。生产上按其色泽分为三类：

（1）绿苋　叶呈绿色或黄绿色，品质较好，质地较硬，适于夏季高温季节栽培。可分：①矮脚圆叶：叶卵圆形，绿色，叶面微皱，全缘。耐热性强、品质优。②高脚尖叶：叶长卵形，先端尖，绿色，全缘。较耐寒，耐热力弱，品质中等。

（2）红苋　叶近圆形，微皱，紫红色，全缘。耐寒力中等，耐热力强，品质优，适于春季栽培。

（3）彩苋　也称花叶苋，叶片边缘绿色，叶脉附近紫红色，耐热性较差，适于春季栽培。①中间红叶：叶卵圆形，叶面微皱，叶边绿色，中间红色，全缘。耐热性强，品质中等。②圆叶花红：叶圆形，叶面微皱，叶边绿色，叶脉附近红色，全缘。抽薹较迟，较耐热，品质中等。

## 144. 苋菜的主要栽培季节及相应的品种选择技术?

苋菜从春季到秋季均可栽培，以春播质量较好，品质柔嫩。主要栽培方式有：一是利用大棚或小拱棚设施，在冬季进行保护地栽培；二是露地栽培，可从3月下旬至8月上旬播种。而大棚和小拱棚覆盖栽培可提早播种20～30天，即在2月下旬开始播种，并可提早上市30天左右。一般在2月下旬至3月下旬，宜选用早熟、较耐寒的尖叶红米苋和尖叶花红苋等品种。4月上旬至5月下旬宜选红苋、大红袍和白米苋、柳叶苋等品种。6月上旬至8月上旬夏秋栽培宜选用较耐热的白米苋、柳叶苋、红苋等品种。除早春栽培外，一般播后35天左右即可上市。

## 145. 苋菜对土壤耕作有何要求？

苋菜要求土壤湿润，但不耐涝，有一定的抗旱能力。种植苋菜要选择地势平坦、排灌方便、杂草较少的地块，每亩施入有机肥1 500千克，翻耙平整后作畦，畦宽80厘米左右，浇足底水后条播或撒播，条播行距15厘米左右。春季亩用种量2～4千克，秋季一般用种量为1千克左右。播后覆土1.5厘米。播种至出苗，春季需8～12天；夏季、秋季需4～6天。因早春气温低，也可采用地膜覆盖等方式，以利提早采收上市。

苋菜适应性强，对土壤要求不严格，为取得高产、优质，必须选择肥沃的土壤，否则植株纤维多，易早熟老化。整地要精细，并施足有机肥。

## 146. 苋菜栽培的关键技术有哪些？

苋菜出苗后及时浇水、中耕、除草、间苗。当幼苗出现两片真叶时进行第一次追肥，以速效氮肥为主，以腐熟人粪尿为好；10天后第二次追肥，第一次采后进行第3次追肥，以后每采收一次追一次肥。结合追肥，勤浇水，保持土壤湿润，但要注意排涝。

## 147. 苋菜主要病虫害如何防治？

苋菜的病害主要为白锈病和病毒病。

白锈病防治方法：①用种子重量0.2%～0.3%的25%雷多米尔可湿性粉剂或64%杀毒矾可湿性粉剂拌种。②加强田间管理，适度密植，降低温度，避免偏施氮肥。③发病初期喷洒

58%雷多米尔·锰锌可湿性粉剂500倍液，或75%多菌灵600～800倍液，或50%甲霜铜可湿性粉剂600～700倍液，或64%杀毒矾可湿性粉剂500倍液或60%甲霜铝铜可湿性粉500～600倍液；同时每亩喷施30～50毫升增产菌或植保素6 000～9 000倍液，交替使用以上药剂，效果更好。

苋菜的虫害主要是蚜虫，可用20%康福多可溶性液剂，或5%啶虫咪乳油2 000倍液，或50%辟蚜雾2 000倍液喷雾。

## 148. 苋菜早熟栽培的技术关键是什么？

（1）选择优良品种　如红苋菜，早熟，抗逆性较强，商品性好，口味佳。

（2）精细整地，适当密植栽培　苋菜宜选择背风向阳、地势平坦、排灌方便的地块来栽培。精细整地后作平畦，播种前10天盖膜暖棚，一般于元月上旬选冷尾暖头晴天中午直播，播后畦面覆盖地膜增温保温。

（3）“闷棚”管理，勤除杂草　播种后“闷棚”增温促出苗，一般情况下，播种后15天左右出苗，应及时揭去地膜。如遇寒流还应架设小棚、盖膜、盖草帘，雪后要及时扫除棚上积雪，以防棚压塌。生长前期以增温、保温为主，后期棚温控制在20～27℃，超过30℃时应小通风。棚内易滋生杂草，人工拔除。越夏种植应加强水肥管理，保持鲜嫩，提高商品性。

（4）及时追肥，适时采收　播种后50天左右，当春苋菜株高10厘米左右，长有5～6片叶时可间拔采收。每采收一次，需追肥一次，以优质粪肥或有机生物叶面肥为佳。

## 149. 苋菜如何采收及分级？

当苋菜苗高10～12厘米，具有5～6片真叶时，开始陆续采

收。苋菜生长速度快，可多次采收。第一次采收时，在基部2～3节处剪取嫩枝；以后当嫩芽长到12厘米左右时采收，也可整株采收。一般亩产量可达1 500～2 000千克。

分级标准

（1）一级标准　①新鲜洁净，色泽优良，质地脆嫩；②无病斑，无虫眼，株形端正；③长度25～30厘米。

（2）二级标准　①新鲜洁净，色泽良好，质地脆嫩；②允许下部叶片有少量虫眼；③长度25～35厘米。

（3）三级标准　①允许有病斑、虫眼；②其他要求达不到一级、二级标准。

## 八、荠菜标准化生产技术

### 150. 荠菜的主要营养及食用价值如何？

荠菜是野菜中的珍品，以其嫩茎叶作蔬菜食用。含有多种氨基酸，其中谷氨酸的作用和味精相同。荠菜吃法亦多样，荤素烹调均可，柔嫩鲜香，清香可口，风味独特，是人们喜食的野菜。

荠菜具有较丰富、平衡的营养成分。据测定，每100克可食部分含蛋白质5.2克，脂肪0.4克，碳水化合物6克，粗纤维1.12克，钙420毫克，胡萝卜素3.2克，维生素C 55毫克，维生素$B_1$ 0.14毫克，核黄素0.19毫克，尼克酸0.7毫克，磷73毫克，铁6.3毫克，还含有钾、镁、钠、锰、锌、铜等元素和人体所需的10余种氨基酸，并含有草酸、苹果酸、丙酮酸以及黄酮、胆碱、乙酰胆碱等，可增强人体免疫力。荠菜不但有较高的营养价值，药用价值也很高。荠菜味甘、性微寒、无毒，可全株入药，具有平肝、和胃、健脾、降压、解毒利尿、明目、凉血止血、祛风解热、治痢等功效。其花与籽可以止血和胃，中医常用荠菜治疗头痛、结膜炎、肺出血、咯血、痢疾、水肿、高血压、头昏、目赤、眼痛、血尿、肾炎、尿结石等症。现代药理研究证实，荠菜所含荠菜酸能缩短出血时间而起到止血作用；所含胆碱、乙酰胆碱、季胺化合物，有一定降压作用，可防治高血压、动脉硬化；民间常把荠菜晒干，给腹泻患者服用。常吃荠菜可预防高血压、中风，对冠心病患者也有明显作用，对胃炎、妇女月经过多、荨麻疹、白内障及夜盲症等也有一定疗效。

## 151. 荠菜有哪些优良品种？

当前生产上栽培的荠菜，按其叶形可分为板叶荠菜和花叶荠菜两种。

（1）板叶荠菜　又名大叶荠菜。叶片大而肥厚，长10厘米，宽2.5厘米，裂刻浅，塌地生长，成株有叶18片左右。叶淡绿色，叶缘羽状缺刻，叶面稍带茸毛，感受低温后叶色转深。板叶荠菜抗寒性及耐热性均较强，生长较快，早熟，生长期40天左右。由于板叶荠菜叶片宽大，外观较好，受市场欢迎。但冬性较弱，春季栽培抽薹开花较早，香气不够浓郁，不宜春播，适于秋季栽培，亩产量约3 000千克。

（2）花叶荠菜　又名小叶荠菜。叶片窄，短小，长8厘米，宽2厘米，缺刻深，塌地生长，成株有叶20片左右。叶绿色，叶缘羽状深裂，叶面茸毛较多。感受低温后，叶色加深并带紫色。花叶荠菜抗寒性较板叶荠菜稍弱，而耐热性及抗旱性较强，冬性强，春季栽培抽薹迟。生长期40天左右，适于春季栽培。叶片柔嫩，纤维少，香味较浓。春播亩产量约1 000千克，秋播2 500千克左右。

## 152. 荠菜的主要栽培季节与配套栽培方式有哪几种？

目前除有采集野生荠菜外，也有人工栽培。人工栽培荠菜的方式有露地栽培和保护地栽培。①露地栽培：长江流域春季栽培在2月下旬至4月下旬播种，夏季栽培在7月上旬至8月下旬播种，秋季栽培在9月上旬至10月上旬播种；华北地区春季栽培在3月上旬至4月下旬播种，秋季栽培在7月上旬至9月中旬播种。一般以秋季栽培为主。②保护地栽培：可于10月上旬至翌年2月上旬，在棚室的底角、东西山墙等处分批撒播，分批采收，可提早上市供应，缓解冬春时令蔬菜紧缺状况，提高棚室利用率。

## 153. 荠菜播种技术要点有哪些？

荠菜多采用干籽直播方式，但也可采取育苗移栽的方式，或直播畦剔苗移栽。通过移栽，植株大而整齐，易收获，易整理，易包装，产品标准化程度高，上市、流通容易。因荠菜种子细小，可掺上与之大小相当的细土或细炉灰均匀撒播。一般先浇水、后播种，即先在整好的畦上浇透水，水渗后将掺好细土的种子均匀播于畦面即可。如播后浇水，浇水前需用脚轻轻踩踏畦面一遍，使种子和泥土紧密接触，以利种子吸水，提早出苗。一般每亩播种量为1千克左右，气候不适宜时播种量宜成倍增加，条件适宜时可适当减少播种量。春播亩用种量为1.5～2千克，夏播亩用种量为3～4千克，秋播亩用种量为2～3千克。夏、秋如用当年采收新种子，因种子尚未脱离休眠期，故需放在2～7℃环境（冰箱）中催芽后播种。

## 154. 荠菜栽培的土壤耕作有哪些要求？

荠菜适应性强，但为获得高产，成片种植适宜选择土壤肥沃、疏松、排灌方便、微酸性（pH6.0～6.7）的地块。秋播的前作地最好为番茄和黄瓜地，春播以蒜苗作前作为宜。播前清除杂草、碎石，翻耕晒垡，耕翻不宜太深，作畦要精细，畦面一定要耙得平整、细软，土块切勿过粗。

## 155. 荠菜的施肥技术要点是什么？

荠菜由于生长期短，根系分布浅，所以生长期间须保证肥水充足。基肥，一般在翻耕时每亩撒施腐熟粪肥2 000千克左右。当幼苗2片真叶时，结合浇水进行第一次追肥，每亩施0.3%尿素液1 000千克，或浇施一次稀粪水。第二次追肥于收获前10天进行，以后每收获一次追肥一次。注意要小水轻浇勤浇，以保持叶面不粘污泥。雨水多时要及时排涝，以避免烂根死秧。

## 156. 荠菜有哪几种病虫害？如何防治？

荠菜主要病虫害为霜霉病和蚜虫。通过合理轮作、清沟理墒、排涝降渍、清除杂草、改善通风透光条件等措施，控制病虫害。防治霜霉病，可用75%百菌清可湿性粉剂600倍液，或72%克露可湿性粉剂600～800倍液喷雾，交替轮换使用；防治蚜虫可用20%速灭杀丁乳油3 000倍液，或10%吡虫啉可湿性粉剂2 500倍液喷雾。间隔7～10天，连续防治2～3次。

## 157. 出口荠菜高产栽培的技术关键是什么？

（1）产地环境 荠菜宜选择土壤肥沃、疏松、排灌方便的田块，成片栽种产地环境应符合GB/T 18407.1—2001规定。

（2）品种选择 选用高产、抗逆性强、适应性广、长势强、商品性好、宜出口加工的板叶荠菜。

（3）整地作畦 播前耕翻，平整田块，畦面要细，一般畦宽120～150厘米、沟宽25厘米、畦高20厘米。

（4）适时播种　出口荠菜因易春化抽薹，故不宜春季栽培。一般夏季栽培从8月上中旬开始，可用遮阳网覆盖降温和防暴雨冲刷；秋季栽培在9～10月播种。可撒播和沟条点播，播种时拌1～3倍细土，播撒均匀，播后轻拍畦面。亩播种量1.0千克左右。

（5）田间管理　从播种到齐苗期间要保持土壤湿润。生长期间如遇干旱，要及时浇水保湿。施肥以基肥为主，采收前20天停止施肥。肥料应符合NY/T 496—2002规定。

（6）病虫草害防治　播种后及时清理沟系和杂草，禁用化学药剂除草。

（7）建立档案　对生产管理技术、病虫害防治及采收中各环节所采取的措施进行详细记录，形成田间生产技术档案。

## 158. 荠菜出口采收标准是什么？

采收标准：色泽鲜嫩，株形完整未抽薹，剔除老叶、黄叶、病叶和杂物。采后处理：荠菜收获后，应就地整理，及时包装、运输。运输或临时贮存时，都应做到轻装、轻卸，严防机械损伤，还要注意防热、防冻、防雨和通风、换气，长途运输应有降温、通风措施。运输工具应清洁、卫生，并覆盖塑料网。出口规格要求：长度≥7厘米，不良率≤20%；品质要求：同一品种，叶色嫩绿，无枯叶、黄叶，无明显机械损伤、不腐烂、无异味和病虫害等。

# 九、落葵标准化生产关键技术

## 159. 落葵的营养及食用价值如何？

我国栽培落葵的历史悠久，2000年前的《尔雅》中即有落

葵的记载。在南方各省（自治区）栽培较多。落葵主要以幼苗、嫩叶、嫩梢供食用，可食率达 98%，可炒食、凉拌、入汤等，色泽碧绿，质地柔滑，食时清脆嫩滑爽口。落葵是高营养绿叶类蔬菜，富含蛋白质、维生素、胶质、铁质及具有药用价值的黏多糖、半乳糖、鼠李糖等。每百克食用部分含蛋白质 1.7 克、脂肪 0.2 克、糖 3.1 克、胡萝卜素 4.55 毫克、维生素 C 85～123 毫克、维生素 $B_2$ 0.13 毫克、钙 205 毫克、磷 52 毫克、钾 335 毫克、铁 2.2 毫克。落葵还有医疗作用，经常食用，有清热解毒、降压益肝、清血滑肠、防止便秘等疗效，是一种保健蔬菜。其味清香，清脆爽口，如木耳一般，别有风味。

## 160. 落葵对环境条件有哪些要求？

落葵是一种适应性较强的高温短日照作物，喜温暖，耐热、耐湿性较强，怕霜冻，不耐寒冷。种子在 15℃以上开始发芽，最适发芽温度 28℃。生育适温为 25～30℃，35℃以上高温仍能正常生长及开花结籽，适宜夏季高温多雨季节生长。低于 20℃时生长缓慢，15℃以下生长不良，遇霜则枯死。落葵对土壤要求不严格，适应性强，最适 pH6.0～6.8、肥沃、疏松的沙壤土。

## 161. 落葵的主要类型及有哪些优良品种？

目前生产中常见的栽培品种有红花落葵和白花落葵两种类型。

（1）红花落葵　茎淡紫色至粉红色、绿色。叶长宽近乎相等，侧枝基部的几片叶狭长，叶片基部心脏形。

1）大叶落葵：又名广叶落葵，原产东南亚及我国南方地区。茎蔓生，绿色，叶腋易萌生侧枝。叶互生，心脏形，全缘，较阔大，深绿色，顶端急尖，基部凹陷，叶肉厚，长 10～15 厘米，宽 8～12 厘米，叶柄绿色，有明显腹沟。优良品种较多，如重庆大叶落葵、湖南大叶落葵、贵阳大叶落葵及江口大叶落葵等。

2）红梗落葵：又称红叶落葵、红落葵。原产印度、缅甸等地。茎蔓生，紫红色，生长势及分枝性较强。叶互生，绿色，近圆形，叶背及叶脉为紫红色，叶片较小，长、宽约 6 厘米，顶端钝，微凹缺，叶面光滑。叶柄紫红色。穗状花序，花梗长 3～4.5 厘米。耐高温、高湿，抗病虫力强。品种较多，如广州红梗落葵、四川红醒落葵。

3）青梗落葵：为红梗落葵的一个变种，除茎绿色以外，其余特征特性与红梗落葵基本相同。

（2）白花落葵　又名白落葵、细叶落葵。原产亚洲热带地区。茎淡绿色，叶绿色，叶片卵圆形或长卵圆披针形，基部圆或渐尖，顶端尖或微钝尖，边缘稍作波状。其叶形最小，平均长为 2.5～3 厘米、宽为 1.5～2 厘米。穗状花序有较长的花梗，花白色。

## 162. 落葵的栽培季节和栽培方式有哪几种？

落葵从播种至开始采收时间很短，加上耐热、耐湿，所以在长江流域和华北地区自 4 月晚霜过后至 8 月可陆续播种。

育苗移栽栽培时，可在 3 月上中旬于小拱棚、塑料大棚等设施中育苗，4 月中下旬定植于露地。落葵的春早熟栽培一般在 1～2 月育苗，2～3 月定植在日光温室或塑料棚中。越冬栽培于 10～12 月播种，在日光温室中栽培。

根据落葵栽培方式不同，可分为露地栽培和保护地栽培两种。

（1）露地栽培　自春季至初秋均可陆续播种，但以春播较为普遍。南方地区 3～8 月、北方地区 4～7 月均可随时播种，采用

条播或撒播方式，播后40天即可间苗采收，以后每隔7～15天采摘嫩叶、嫩梢一次，可陆续采摘至深秋。

（2）保护地栽培　为提早和延后上市期，利用大棚、温室等设施进行栽培，播种期可提早到2月或延后到11月，达到周年生产、周年供应。保护地栽培生长速度快，品质好，经济效益显著。

1）大棚覆盖栽培：江淮地区2月中旬播种育苗，3月中旬定植，4月中旬开始采收，每隔5～8天采收一次嫩梢，采收7～8次，亩产量约1 000千克。

2）中小棚覆盖栽培：南方可利用中小棚进行越冬栽培，9月上旬至10月中旬播种（可分期播种至5月），10月中旬至11月中旬间苗采收，10月下旬至11月上旬开始采收主茎嫩梢，11月中旬至翌年1月，每隔8～10天采收一次，共采7～8次，亩产量约800千克。

3）加温大棚或日光温室栽培：落葵种子发芽适温较高，保护地生产应根据当地设施内温度确定播种期。12月至翌年2月播种，1～3月间苗采收，3月下旬至4月中旬开始采摘主茎嫩梢，2～5月每5～7天采收一次，共采收5～7次，亩产量约1 000千克。华北地区一般2月初播种为好，可与其他高秆蔬菜间作，采取条播或撒播。

落葵根据采收食用部分的不同，可分为支架栽培和无支架栽培两种。支架栽培以采收嫩叶为主，无支架栽培主要以采收嫩梢为主。

## 163. 落葵播种育苗的技术关键有哪些？

（1）种子处理　落葵种皮厚而坚硬，春天气温较低，种子发芽缓慢，故播种前需进行浸种催芽处理。先用35℃的温水浸种1～2天，捞出放在30℃的恒温箱中催芽。4天左右，种子“露白”即可播种。夏、秋播种，种子只需浸种，无需催芽。

落葵露地和设施栽培采用直播或育苗移栽均可。生产上一般采用直播方法，育苗移栽既可节省用种量，又可延缓上茬作物出茬时间。

（2）育苗移栽　有露地育苗和设施育苗。苗床宜选择地势高燥、背风向阳、保水力强、排灌方便、肥沃疏松的沙质壤土。每亩苗床施腐熟有机肥 1 500 千克、过磷酸钙 30 千克，翻入土中，做成 1.2～1.4 米宽的高畦苗床。将露白的种子均匀撒播在床面，覆土厚 1～2 厘米，覆盖地膜或碎草保温、保湿。幼苗出土前温度保持在 25～30℃，幼苗出土后撤除覆盖物。降低棚温进行低温锻炼，培育壮苗，但不可低于 15℃。床面土壤保持湿润。4 片真叶，苗高 8～10 厘米时即可定植。采收幼苗、嫩梢的株行距为 20 厘米×20 厘米，每穴定植 1～3 株；搭架采收嫩叶的株行距为 25 厘米×60 厘米，每穴定植 1～5 株。

## 164. 落葵栽培对土壤耕作有何要求？

落葵对土壤的要求不严格，以保水保肥能力强，pH4.7～7.0 的肥沃的沙质壤土种植产量高。落葵需肥量大，以氮肥为主；对铁反应敏感，缺铁时新叶发黄。播种前每亩施腐熟的有机肥 3 000～4 000 千克、过磷酸钙 50 千克，深翻、耙平，春季做成平畦，夏季做成小高畦，防止雨涝。

## 165. 落葵栽培肥水管理要点有哪些？

在施足基肥的基础上，生长期间还要经常追施速效性氮肥，一般在定苗后每亩追施硫酸铵 15 千克，磷钾复合肥 5～8 千克。以后每采摘一次即应追肥，每次追肥数量为充分腐熟的人粪尿水（30%～50%）每亩 800～1 000 千克，加尿素 15 千克。落葵喜

湿润，应小水勤灌，以保持土壤经常处于湿润为宜，一般是每采摘一次结合追肥灌一次水，遇旱时应增加灌水次数。

## 166. 落葵采收技术如何掌握?

落葵根据食用部位不同而有不同的采收方法。以采食嫩叶为主的，前期每 15～20 天采收一次，生长中期 10～15 天采收一次，后期 10～17 天采收一次。采食嫩梢时，可用刀割或剪刀剪，梢长 10～15 厘米时剪割，每 7～10 天一次。也可采取前、后期割嫩梢，中期采嫩叶的方法。一般每亩产量 1 500～2 500千克。

## 167. 落葵为什么易发生炭疽病? 如何防治?

落葵在气温 25～30℃，湿度 80％以上或阴雨天气多时易发生炭疽病，在防治上应采取农业防治和药剂防治相结合的综合防治措施。

农业防治：①施用充分腐熟的有机肥；②发现病叶，及时摘除，以减少前期菌源；③采用高畦或起垄栽培，雨后及时排水，防止湿气滞留。

药剂防治：发病初期喷洒 36％甲基硫菌灵悬浮剂 500 倍液，或 77％可杀得微粒可湿性粉剂 500 倍液，或 50％苯菌灵可湿性粉剂 2 000 倍液加 75％百菌清可湿性粉剂 1 000 倍液混用效果更好。每亩喷对好的药液 50 千克，隔 10 天左右一次，连续防治 2～3 次。采收前 7 天停止用药。

## 168. 落葵保护地栽培关键技术有哪些?

利用塑料大棚、日光温室等保护设施栽培落葵，生长快，品质好，不仅上市早，而且能延长收获期，经济效益显著。

（1）播种育苗　江淮地区利用塑料大棚栽培落葵时，育苗播种期可提前到2月中旬，3月中旬至下旬定植。利用日光温室栽培，播期还可提前10～20天。播后及时覆盖，10～15天开始发芽，幼苗具有4片真叶时就可定植。

（2）定植　定植前亩施2 500千克腐熟有机肥，深翻，做成平畦。定植株行距为20厘米×30厘米。定植后立即浇水，闭棚提高温度。

（3）田间管理　落葵生长期间利用闭棚和通风来调节棚温在25～30℃之间。待外界气温白天达20℃以上，夜间最低气温在15℃以上时，可逐渐撤除保温覆盖物和塑料薄膜。追肥、浇水与露地栽培相同。

秋季利用塑料大棚进行落葵延后栽培时，可在10月中旬早霜来临前扣棚保温。随着外界气温下降，减少大棚通风，并加盖草帘、搭小拱棚等保温，尽量延长采收时间。

（4）采收方法　同露地栽培。

（5）病虫害防治　保护地落葵的病虫害主要有：

1）落葵褐斑病：又称鱼眼病、红点病、蛇眼病、太阳斑等。主要危害叶片。病斑近圆形，直径2～6毫米不等，边缘紫褐色，斑中央黄白色至黄褐色，稍下陷，分界明显。中部质薄，有的形成穿孔。防治方法：①适当密植，避免过量浇水和施氮肥。②发病初期用75%百菌清可湿性粉剂600倍液，或50%速克灵可湿性粉剂2 000倍液，或农抗120水剂200倍液喷雾防治。

2）落葵灰霉病：病菌侵染叶、叶柄、茎和花序。病斑初呈水渍状褪绿不规则形斑，后出现灰色霉层。防治方法：①加强肥水管理，注意排水防涝，增施磷、钾肥料，提高植株抗病力。②发病初期用75%百菌清可湿性粉剂800倍液，或36%甲基硫菌灵悬浮剂500倍液，或50%苯菌灵可湿性粉剂1 500倍液喷雾，10天左右一次，连喷2～3次。

## 十、金花菜标准化生产技术

### 169. 金花菜生长发育对环境条件有何要求?

金花菜喜冷凉气候，耐寒性较强，在长江流域能露地越冬。生长适温为12～17℃，温度在10℃以下和20℃以上，植株生长缓慢，在－5℃低温下，叶片受冻，但腋芽的耐寒力较强，气温回升后腋芽仍能萌发，继续生长，第二年开花结籽。所以，在冬季不太寒冷的地区，秋季播种时为二年生蔬菜，春季播种时，当年便可开花，为一年生蔬菜。金花菜还有一定的耐热力，因而夏季也能生长。

金花菜对土壤的适应性较强，但以富含有机质的壤土或沙壤土为最好，适宜中性土壤，有一定的耐碱性能力，金花菜不耐旱，需要经常保持土壤湿润。

### 170. 金花菜的主要营养及食用价值如何?

金花菜是冬春季节的蔬菜，嫩茎叶可食用，其营养价值很高，含有蛋白质、多种维生素和矿物质等。金花菜中所含的蛋白质、碳水化合物、钙、磷、铁等，均比菠菜含量高。经过日晒后，其中的维生素D的含量不仅有所提高，且易被人体吸收；其中的植物皂素、苜蓿酚、大豆黄酮、瓜氨酸、刀豆酸和果胶酸等，对于增强人体免疫力和降低血脂大有裨益。

古人吃金花菜在《群芳谱》中记载尤多，唐孟诜食疗本草论金花菜谓："利五脏，轻身健人。洗去脾胃间邪热气，通小肠热毒。"金花菜是清凉性的蔬菜，进食之后，确能消除内火，尤其在燥烈季节，用以佐膳，功效显著，更胜于西洋菜。

## 171. 金花菜有哪些类型和品种?

金花菜在江、浙、沪一带栽培较多，各地都有地方品种，虽地区不同，品种之间差异不大。

江苏有常熟苜蓿，上海有崇明苜蓿，浙江有东台苜蓿，江南大部分地区多栽培以上三个类型品种。

## 172. 金花菜的栽培季节如何安排?

目前金花菜以露地栽培为多，保护地栽培仅在大中城市的近郊有少量安排。

露地栽培金花菜，春、夏、秋三季都可播种，以秋季为主。保护地栽培金花菜主要是为了在低温季节 12 月至翌年 2 月采收上市。

金花菜从 2 月下旬至 10 月中旬均可播种，2 月下旬至 3 月播种为春季栽培，4～6 月播种为夏季栽培，7 月至 10 月中旬播种为秋季栽培。

## 173. 如何进行金花菜种子的播前处理?

金花菜种子生命力较短，生产上应注意采用当年生产的新种子，播种前对种子进行筛选，去除瘪籽、坏籽，选择色泽金黄、籽粒饱满的种子，平摊置于太阳下晒 3～5 小时，用 55～60℃温水浸种 5 分钟，去除上浮的瘪籽、坏籽，再将种子装入麻袋，于夜间在井水或河水中浸泡 8～10 小时，后摊开置于阴凉处催芽，每 3～4 小时用喷壶浇凉水一次，2～3 天种子露白后即可播种。也可用 50%的百菌清可湿性粉剂 500 倍水溶液浸种 24 小时后播种。如浸种后遇上雨天不能播种，可将种子摊放在阴凉处 1～2 天，摊放厚度不超过 10 厘米，每天洒适量水，保持种子湿润，天晴后及时播种。

## 174. 金花菜播种的技术关键是什么？

金花菜生产一般都采用撒播，播种前耕翻整地，施足基肥，清沟理畦，做成平畦或高畦，畦宽1.5～2米，整平耙细即可播种。播种时，先将种子均匀撒在畦面上，播后用齿耙耧匀，再用脚踏实畦面，使种子与土壤充分接触，不留空隙。播种后每天早、晚各浇水一次，保持土壤湿度，保证种子出苗和生根。种子播种后一般情况下4～5天即可出苗，出苗后每天也要浇水一次，6～7天后停止浇水。

金花菜种子生命力短，出芽率低，播种时要适当加大播种量，确保全苗。早秋、晚春播种时，因气温较高，土壤干旱，出苗率低，每亩需用种40～50千克；晚秋及早春播种，气温适宜，出苗率高，每亩播种量15～20千克。

## 175. 金花菜早熟栽培对土壤整地有何要求？

金花菜为浅根系蔬菜，种植前选择未种过豆科作物的田块为佳，避免连作。前茬作物收获后，结合整地，每亩撒施腐熟有机肥1 000～2 000千克、三元复合肥（15-15-15）50～75千克，浅翻15～18厘米，细耙后，做成平畦或高畦，多雨季节做成高畦，少雨季节做成平畦，并在畦周围开设好排水沟，增加土壤的排水能力，避免受涝。

## 176. 金花菜的主要虫害有哪些？如何防治？

金花菜的虫害有蚜虫和小地老虎。

（1）蚜虫防治方法　①保护地提倡采用银灰色防虫网，有驱

避作用。②采用黄板诱杀。③清洁田园，以减少虫口的密度。④及时防治，把蚜虫消灭在点、片发生阶段。以棉蚜为主时，用10%吡虫啉可湿性粉剂2 000倍液喷雾防治；以菜蚜（桃蚜、萝卜蚜、甘蓝蚜）为主时，用50%抗蚜威可湿性粉剂2 500～3 000倍液喷雾防治。

（2）小地老虎防治方法　①清洁田园。防地老虎成虫产卵是关键一环。②诱杀防治。一是灯光诱杀成虫；二是糖醋液诱杀成虫：糖6份、醋3份、白酒1份、水10份、90%敌百虫1份调匀诱杀。③药剂防治。地老虎1～3龄抗药性差，且暴露在寄生植物或地面上，是药剂防治适期。用48%乐斯本乳油，每亩90～120克对水50～60千克，或20%氰戊菊酯3 000倍液，或50%辛硫磷800倍液喷雾。

## *177.* 金花菜的采收有何要求？

金花菜生长快，一般播种后25～30天就可开始采收第一刀。第一次采收宜早，以利于促使早发侧枝，采收时留茬要低、要平，使以后采收容易，有利于提高产量。秋播的金花菜一般可采收3～4次。优良的金花菜产品要求，叶柄不能过长，叶片也不宜过长，叶片肥大、平展、叶肉厚、叶色深绿、无病虫害。

## *178.* 金花菜早秋网室栽培技术关键有哪些？

防虫网覆盖栽培可不用或少用化学农药，减少农药污染，生产出无农药残留、无污染的蔬菜产品。目前，金花菜防虫网覆盖栽培正成为蔬菜栽培的新兴模式。南方地区应用网室栽培需掌握如下几项关键措施：

（1）网内处理应彻底　播种前，对防虫网与地面接触的四周喷洒能杀卵块的高效低毒农药，同时在耕翻时加入辛硫磷农药防

地下害虫，做好网室内的灭虫工作。

（2）整地施基肥　翻土晒垡10～15天，每亩施腐熟的人畜粪2 500～3 500千克、尿素15千克、磷肥15千克、钾肥10千克，或用高浓度复合肥50千克替代化肥作基肥，提前1周做好栽培畦。

（3）浸种催芽　用55～60℃的温水浸种5分钟，去除浮在水面的瘪粒，再将种子放入布袋中，于清水中进行浸种8～10小时，取出摊于阴凉处，3～4小时浇一次水，2～3天种子露白即可播种。也可用50%多菌灵或70%甲基托布津1 200倍液浸种48小时，既可促使出齐苗，又可防病发生。

（4）均匀盖籽保全苗　播种后应均匀盖土，不出现露籽现象。

（5）施用药剂治杂草　播种盖籽浇足底水后，可用20%敌草胺（大惠利）500倍液（每亩50～200毫升），均匀喷施土表防除杂草。

（6）遮阳浇水防降温　播种结束后，近地面覆盖一层遮阳网防水分蒸发，并每天早晚各浇水1次，保持土壤湿润，4～5天出苗后揭去浮面遮阳网。

（7）加强管理勤肥水　当真叶有2片时即进行追肥，以后每收割一次过后2天追施化肥或稀薄腐熟粪肥，以追施化肥为好。金花菜播种后25天左右收割第一刀，以后每隔15天左右收割1刀。要特别注意及时收割上市，不能因市场因素任其徒长老化而影响到后茬收割。

（8）适时下种增播量　早秋防虫网覆盖栽培的适宜播种时间在7月下旬至8月初，此时的用种量应提高到每亩45～50千克。

## 179. 金花菜长季栽培技术包括哪些？

（1）选地整地

1）选地：选择地势高爽，排灌良好，远离污染源，肥沃疏松的沙质壤土进行种植。

2）整地作畦：畦宽3米，沟深15厘米，并每隔15～20米挖一横沟，达到沟系通畅。播种前清除残茬、杂草，精整畦面，力求平整。

（2）播种

1）品种：选用耐寒、抗逆性强、品质好的小叶种金花菜，也可选用大叶种金花菜。

2）种子处理：选用色泽金黄、发芽率在85%以上的当年新种，用55～60℃温水浸泡约5分钟，然后用稀河泥浸泡1～2天，稍滤一下，再用草木灰及适量磷肥拌和，搓揉成颗粒待播。

3）适宜播期：常年播种以秋播为主，适宜播期掌握在9月下旬至10月上旬。

4）播种方式：以条播为主，有利于松土、除草、施肥等田间管理。播幅10～15厘米，空幅15～20厘米，顺畦人工播种。

5）播种量：亩播种量为20～30千克。播后用泥浆或草屑、草灰覆盖，使种子与土壤紧密接触。

（3）田间管理

1）水分管理：播后确保一定墒情，土壤含水率在20%～25%，一般10天可以出苗，苗期、生长期，如遇干旱，要适时浇水；如遇阴雨，做到田间不积水。

2）施肥：每亩施腐熟有机肥或人畜粪2 000千克或生物有机肥50千克，过磷酸钙50千克、碳酸氢铵25千克或尿素8千克。冬前视苗情增施适量磷钾肥，争取早苗、壮苗越冬，同时做好保温促长。每次采收后要追施一次腐熟稀粪水，以促其生长。

3）除草：金花菜生长过程中如有杂草，采用人工除草。

4）病虫害防治：冬春季很少有病虫害发生，一般无需防治。其他季节病虫主要有蚜虫、菌核病等，可用高效、无毒生物农药防治。

（4）采收　播种后25～30天可第一次采收嫩梢。采收时，

留茬要低、要平。冬前可采收3～5次，春后一般7～10天可采收一次，一般每亩产量1 000～1 500千克。在盛花前可集中进行采收加工，并将老茎叶作饲料或翻埋压青，培肥地力。

## 十一、芦蒿标准化生产技术

### 180. 芦蒿标准化生产应遵循哪些标准？

芦蒿标准化生产应遵循以下标准：农药安全使用标准（GB 4286）；农药合理使用准则（GB/T 8321所有部分）；无公害蔬菜产地环境要求（GB/T 18407.1—2001）；无公害农产品（食品）生产技术规范（DB32/T 343.2—1999）；无公害芦蒿（DB32/T 535—2002）。可参考南京市地方标准DB3201/T 002—2002。

### 181. 芦蒿的主要营养及食用价值如何？

芦蒿别名蒌蒿、水蒿，是一种野生蔬菜，以嫩叶及地下根状茎供食用。芦蒿营养丰富，据测定：每100克芦蒿嫩茎含有蛋白质3.6克、灰分1.5克、钙730毫克、磷102毫克、铁2.9毫克、胡萝卜素1.4毫克、维生素C 49毫克、天门冬氨酸20.4毫克、谷氨酸34.3毫克、赖氨酸0.97毫克，并含有丰富的酸性洗涤纤维素。因含有侧柏莲酮芳香油（$C_{10}H_{10}O$），而具有独特风味。

芦蒿还可作为药用，其嫩茎清凉，有清热解毒、平抑肝火、祛风湿、消炎、镇咳等功效，可预防牙痛、喉痛等。芦蒿的芦芽也可食用，具有防癌作用，其中微量元素硒是芦荟的10倍。芦蒿的根茎淀粉含量高，可为人体提供热量。另外，它对降血压、降血脂、缓解心血管疾病均有较好的食疗作用，是一种典型的保健蔬菜。

## 182. 芦蒿对环境条件有何要求？

芦蒿为耐寒多年生蔬菜，性喜冷凉湿润气候，耐湿、耐肥、耐热、耐瘠，不耐干旱。

（1）温度　芦蒿适宜温度范围较广，早春气温回升到5℃左右，地下茎上的侧芽（潜伏芽）开始萌芽，日平均气温12～18℃时生长较快，日平均气温20℃以上时茎秆容易木质化。地上部分遇重霜枯死，地下部分的根状茎及根系可露地越冬。露地野生芦蒿一般春季萌发，5月上、中旬营养生长加快，是露地芦蒿上市高峰期。如采取保护地栽培，上市期可提早到上年12月中、下旬。如果温度适宜，芦蒿可周年生长，无明显的休眠期。

（2）光照　芦蒿属长日照作物，喜阳光充足的生长环境，只是在强光下嫩茎易老化。7月上旬花芽分化，7月下旬开始抽薹，9月中、下旬开花，10月份结实。

（3）水分　芦蒿根系浅，喜湿，在旱地和浅水中均可生长。土壤湿度以60％～80％最有利根状茎的生长和嫩茎抽生。在排水不良的田块，发根少且生长不良，长期渍水，根系变褐枯死。在夏季高温干旱条件下不易死亡，但植株生长不良。

（4）土肥　芦蒿对土壤要求不严，但以疏松肥沃、有机质含量丰富及排水良好的沙质壤土为宜，在黏重、瘠薄的土壤中生长不良。芦蒿耐肥，对养分的要求以有机肥为主且需肥量较大。适施氮肥，多施磷、钾肥有利于改善品质和提高产量。

## 183. 芦蒿的主要类型及其形态上有何区别？

芦蒿按叶形可分为大叶蒿、碎叶蒿和嵌合型蒿3个类型：

（1）大叶蒿　又名柳叶蒿。柳叶形或叶羽状3裂，较耐寒，

萌发较早。

（2）碎叶蒿　又名鸡爪蒿。叶羽状5裂，耐寒性略弱，萌发稍迟。

（3）嵌合型蒿　在自然状态下，往往在同一植株上，同时存在两种以上叶形。

芦蒿按嫩茎颜色可分为白芦蒿、青芦蒿和红芦蒿3个类型：

（1）白芦蒿　茎淡绿色，自然状态下株高20厘米以上茎色才稍显淡紫色，茎秆粗而柔嫩，香味淡，产量较高，耐寒性强，春季萌芽较早，一般属大叶蒿类型。

（2）青芦蒿　茎青绿色，自然条件下株高10～15厘米茎色开始变紫，香味略浓，产量高。

（3）红芦蒿　茎紫红色，茎秆较细而硬，纤维多，产量低，品质较差，但香味浓。

芦蒿的茎色、香味和柔嫩程度是品种的重要性状，也与环境条件有很大关系：稀植，通风好，光照强，氮肥少，则茎秆颜色浓，香味浓，纤维多；密植，通风差，光照弱，氮肥足，则茎秆颜色浅，香味淡，质柔嫩。

## *184.* 芦蒿的主要栽培季节和栽培方式有哪几种？

芦蒿的栽培季节主要有冬春芦蒿和伏秋芦蒿两种。

冬春芦蒿11月下旬至翌年4月下旬上市，通过地下根状茎萌发，采摘萌发的嫩茎上市。伏秋芦蒿8月上旬至10月中旬上市的茬口，通过适当密植，遮阴降温，高肥水栽培管理，促进地上部分叶腋萌发侧枝，采摘侧枝嫩头上市。

芦蒿的栽培方式，冬春芦蒿主要有露地栽培和大中棚薄膜覆盖栽培两种，其中以大中棚覆盖栽培为主。秋冬芦蒿以遮阳网覆盖栽培为主。露地栽培在4～6月间种植，第二年春季3～5月收获。

## 185. 芦蒿如何进行繁殖?

芦蒿的主要繁殖方式有：扦插繁殖、分株繁殖和种子繁殖，也可用根状茎繁殖。

（1）扦插繁殖　一般在7～8月份（不能过晚，否则植株生长期不足，影响次春的产量），选用当年未收割过的蒿秆，要求健壮无病虫，腋芽未萌发，茎粗1厘米以上，剪成15～20厘米长的插条，每段插条顶端至少有1～2个饱满芽。一般采用开沟扦插，以插条的2/3入土为度，浇透底水，保持土壤湿润，有利生根。

目前，这是人工种植芦蒿的主要繁殖方式，简便易行。但由于需要大量的插条，不能满足大规模生产。

（2）分株繁殖　一般在清明前后，将尚未收割的高10厘米以上的芦蒿幼苗连根刨起，栽植于畦面。这种方式费工，占地时间长，生产上不常用。

（3）种子繁殖　由于以上两种无性繁殖方式的繁殖系数都较低，大面积生产上采用种子繁殖，育苗移栽。可于10月上、中旬采集成熟的芦蒿种子，在第二年3月中旬至6月初，温度在10～15℃以上即可播种。播种时，将种子与细土或河沙拌匀，撒播或条播于苗床上，覆盖细土，适量浇水，保持土壤湿润，促进出苗。播后约10天，即可出苗，40天后当苗高10厘米时，定植于大田。

## 186. 如何进行芦蒿的种株处理?

选择无病虫，植株顶端5～10厘米呈深绿色的健壮植株用作种株。

（1）冬春芦蒿　每年6～8月，选择粗壮的植株平地割下，

截去顶梢柔嫩部分和基部木质化部分，取中部半木质化茎秆，截成10～25厘米长小段，每段顶端保留2～3个饱满芽，扎成小把，浸入水中22～24小时；或用80%敌敌畏乳油，按每立方米用量1～2毫升熏蒸2～3小时，然后在阴凉通风处放置7～15天，待须根发出后栽种。

（2）伏秋芦蒿　选择植株中部茎秆，截成10～15厘米长小段，扎成小把，处理方法同冬春芦蒿。

## 187. 冬春芦蒿与伏秋芦蒿的生产技术有何不同?

（1）品种选择

冬春芦蒿：以大叶青秆为主，也可选用大叶白秆和红秆。

伏秋芦蒿：以大叶白秆为主，也可选用大叶青秆。

（2）种株用量

冬春芦蒿：采用茎秆扦插，每亩用种株鲜重290～300千克。

伏秋芦蒿：采用茎秆扦插，每亩用种株鲜重340～350千克；采用茎秆压条的，每亩用种株鲜重400～450千克。

（3）定植时间

冬春芦蒿：在7下旬至8月上、中旬都可定植，7月底至8月上旬为最佳定植期。

伏秋芦蒿：在6月中、下旬至7月下旬定植，梅雨期间定植最佳。

（4）定植方法

冬春芦蒿：采用茎秆扦插法栽种，将处理过的种株茎秆，按株行距30～35厘米×30～32厘米挖穴，每穴2～3株斜插在穴上，栽后将周围土踏实，浇透水。

伏秋芦蒿：可以采用茎秆扦插或茎秆压条两种方法。采用茎秆扦插时，按株行距28～30厘米×20～22厘米挖穴，每穴栽种3～4株，栽后踏实，浇透水；采用茎秆压条时，按行距10～15

厘米开沟，沟深5～7厘米，将种株茎秆横埋入沟中，头尾错开，然后覆土3～5厘米，稍拍实，浇透水。

（5）田间管理

冬春芦蒿：分露地生长阶段管理和棚室生长管理。

露地生长阶段管理：种株定植后应常浇水，保持地面湿润，促进植株成活。在高温干旱期间，应灌水抗旱，汛期或大雨后应及时排涝降渍。9月下旬至10月上旬，每亩追施复合肥50千克或尿素10千克，以促进根状茎生长，防止后期早衰。8月上旬至9月，在现蕾开花前及时打顶。

棚室生长管理：一般于11月中旬至翌年3月上旬进行覆盖栽培，覆盖后40天左右芦蒿即可上市。生产上可通过不同时期覆盖调节芦蒿上市时间。覆盖时切忌土壤水分过大。盖膜后一般不浇水，棚内温度白天保持15～30℃，超过32℃时放风降温，夜间保持4℃以上。当嫩茎长到10～15厘米（即上市前7～10天），用赤霉素喷雾，可加快生长，增加产量，提高商品价值。

伏秋芦蒿：嫩芽长出后，晴天上午10时至下午4时用遮阳网或芦帘等物遮阳降温，早、晚将网、帘揭掉。重点抓好水分管理，高温期间每天清晨7时前浇水保湿。10～20天后追肥一次。当嫩枝长到5厘米左右（即上市前10～15天）可用赤霉素喷雾处理。

## 188. 芦蒿肥水管理关键技术是什么？

（1）追肥　在插条生新根、地上部侧芽萌发时要及时追肥，每亩可施腐熟人粪尿1 000～1 500千克或尿素7.5千克或复合肥15～20千克，促进植株旺盛生长。9～10月需追肥一次，每亩可撒施尿素15千克，增加养分积累。当新的植株长到4～5厘米高时，每亩再追施氮肥20～30千克，每次施肥后都要浇透水。以

后每次收获后都要追肥一次，追肥以氮素肥料为主。苗期用0.2%的磷酸二氢钾进行根外追肥，能促进嫩茎粗壮，生长迅速，提高产量和品质。

（2）浇水　芦蒿耐湿，不耐干旱，扦插或定植后要经常浇水，保持田间土壤湿润，切忌土壤干裂。浇水应选择晴天中午进行，浇水量宜大，但不可漫灌，一般在每次追肥后或采割一茬后均要浇一次透水，以促进植株生长。冬季棚膜密闭，蒸发量小，需要减少灌（浇）水，浇水应选择晴天中午进行。棚内空气相对湿度应控制在85%～90%，湿度过大芦蒿生长缓慢，而且易发生菌核病；湿度过低芦蒿嫩茎易老化，影响品质。

## 189. 芦蒿的主要虫害有哪些？如何防治？

芦蒿的主要虫害是白钩小卷蛾、蚜虫、猿叶虫和斜纹夜蛾。

预防白钩小卷蛾：可将种植期推迟到7月上旬以后，避开5月下旬至6月虫卵孵化高峰期；定植前将种株中下部截去集中烧毁。蚜虫、猿叶虫和斜纹夜蛾防治方法见表11。

**表11　三种害虫化学防治方法**（施药方法：喷雾）

| 害虫种类 | 防治时期 | 农药种类 | 剂　型 | 使用浓度（倍） | 施药次数 |
|---|---|---|---|---|---|
| 蚜　虫 | 始发期 | 吡虫啉 | 10%粉剂 | 2 000 | 2～3 |
| | | 蚜青灵 | 25%乳油 | 1 000 | 2～3 |
| 猿叶虫 | 始发期 | 敌敌畏 | 80%乳油 | 1 000 | 2，10天一次 |
| | | 辛硫磷 | 50%乳油 | 1 000 | 2，10天一次 |
| | | 氯氰菊酯 | 10%乳油 | 2 000 | 2，10天一次 |
| 斜纹夜蛾 | 3龄前 | 菜　喜 | 2.5%悬浮剂 | 1 000 | 2，7天一次 |
| | | 抑太保 | 5%乳油 | 1 500 | 2～3，5天一次 |
| | | 阿维菌素 | 0.6%乳油 | 1 000 | 2～3，5天一次 |

## 190. 芦蒿的主要病害有哪些？如何防治？

芦蒿的主要病害有病毒病、白粉病、白绢病、菌核病和灰霉病。防治方法：

病毒病：加强肥水管理，促使植株旺盛生长，提高植株对病毒病的抵抗力，同时做好蚜虫的防治工作。

白粉病：发病初期，用50%甲基托布津500倍液喷雾于叶背面，7～10天喷一次，连喷2次；或15%粉锈灵1 500倍液喷雾。

白绢病：发病初期，用15%粉锈灵1 500倍液喷雾于茎基部，7～10天喷一次，连喷2次。

菌核病：出现中心病株时，每亩用50%速克灵可湿性粉剂50～100克对水50千克喷雾。

灰霉病：发病初期，每亩用2%速克灵烟熏剂12粒，分散点燃，关闭棚室，熏蒸一夜。

## 191. 芦蒿采收标准是什么？

芦蒿采收的标准：一是鲜嫩；二是产量高。要求全茎嫩，上部茎节手弹便断，下部用手折就断，纤维含量很低。

（1）冬春芦蒿　嫩茎长高到20～30厘米时采收上市。用锋利的刀从近地面处割下嫩茎，立即运至阴凉处，抹去嫩茎上的叶片，仅留顶部5～6片叶，然后按等级标准，分级捆把，竖立排放在纸箱或保鲜袋内低温贮放或出售。

（2）伏秋芦蒿

分批采收：覆盖后30～35天采摘嫩枝上市。嫩枝长到10～15厘米时采摘，采收时剪大留小，分批采收，并要保留基部2～3片功能叶片，以促进植株进一步生长。

分茬采收：覆盖后35～45天，嫩枝长到15～18厘米时，用利刀从近地面处割下嫩茎上市。

（3）采后处理　将采收的嫩茎去叶，分级捆把，按等级标准要求，将茎切齐上市。也可喷清水在阴凉处堆放，并盖草捂48小时进行软化处理后去叶上市。

## 192. 芦蒿采收后田间如何管理？

（1）冬春芦蒿　采收后清理畦面，人工拔除杂草，追施肥水，每亩可施有机复合肥100千克。30～40天后采收第二茬。一般采收二茬。

（2）伏秋芦蒿

分批采收：每采摘3～5次追肥水一次，每次每亩施尿素7～10千克。

分茬采收：一茬采收后清理床面，拔除杂草，每亩施尿素7～10千克。

## 193. 芦蒿设施栽培技术要点有哪些？

（1）选择优良品种　根据不同的上市季节，选用不同的品种，才能提高芦蒿产量和品质。早春上市的宜选用产量高、纤维含量低、适合低温露地生长的白蒿，夏末秋初宜选用露地栽培品种灌云蒿；冬季上市宜选用口感好、产量高、耐低温性强的适合温棚栽培的青蒿。

（2）整地施肥　芦蒿适宜土壤疏松、肥沃、排灌方便的田地。在插秧前要求整好地，施足肥。先撒腐熟农家肥，进行第一次耕耙，深度20～27厘米，深耕增加土壤孔隙度，有利于芦蒿根系生长。晒垡15～20天后再施腐熟农家肥、磷酸二铵、尿素，进行机旋耙碎，达到土粒细、地面平。

(3) 秧苗准备与插秧　品种确定后，选择健壮无病虫害的粗细均匀一致的老芦蒿枝条，去掉枝叶，均匀分开，捆成直径 20 厘米的把子，然后按长 15～18 厘米切成小把，不同节段分开。插秧时间和密度因品种而异。青蒿行距 13～15 厘米，亩植 48 000穴，每穴 2 株，6 月中下旬到 8 月上旬插秧为宜；白蒿密度与青蒿相似，以 6 月下旬到 8 月中旬插秧为宜；灌云蒿株、行距 10～13 厘米，亩植 50 000 穴，每穴 2～3 株，8 月中旬至 9 月上旬插秧。亩用鲜茎条 200～400 千克，可斜插和直插，深度5～7 厘米。

(4) 田间管理

1) 及时除草：插秧后及时浇透水，促进成活。栽后 1～2 天用 0.2～0.3 千克乙草胺对水 50 千克喷洒可防治禾本科杂草。

2) 查田补苗：插秧活棵后，及时查苗，若有死苗，迅速补插，防止缺苗断行，保证全苗。

3) 追肥促长：秧苗生长阶段，如发现缺肥现象，趁灌溉或下雨时追施尿素，促进发苗，增加生长量。生长后期可喷 3%磷酸二氢钾水溶液促进养分向根系运转，促使发育。

4) 虫害防治：芦蒿秧苗生长期一般没有病害，不需用药防治。在非收割期主要是钻心虫导致茎秆折断，因此要在 7 月底和 8 月底分两次亩用高效氯氰菊酯 0.1 千克对 50 千克水进行喷雾防治，蚜虫用 10%吡虫啉 20 克对 15 千克水喷洒。

(5) 产品生产前准备

1) 适时割除老茎：在生产食用茎叶前，割去老茎，去除残叶和杂物，保持地面干净，积累生产食用叶茎。灌云蒿于 9 月中旬到 10 月上旬，直接覆盖遮阳网，青蒿于 11 月初，白蒿于 1 月份割去老茎。割时用快刀，平地面割，秸秆运出田外。

2) 搭建设施：冬季可建造规格为：宽 4.1～4.3 米，高 1.6 米的中小拱棚生产芦蒿。

3) 施足肥、浇透水：为了减少人为的践踏，造成板结，不

利出苗，一般建棚后，施肥、浇水，再上棚膜。生产食用芦蒿茎叶，施肥量要足，浇水要透。肥料种类有磷酸二铵、尿素等，保证生长期间有充足的肥料和水分供应，气温低于－4℃时不宜灌大水。

（6）覆盖草帘和盖棚膜　冬季寒冷天气就要在拱棚上覆盖草帘进行保温防寒，做到上午 9 时揭，下午 4 时盖。棚内可加盖内膜，用于保温、保湿、保鲜。

（7）适时采收　经过 30～40 天培育采收上市，嫩茎高度一般是 25 厘米以上，连续采收 2～3 茬。

## 十二、菊花脑标准化生产技术

### 194. 菊花脑标准化生产应遵循哪些标准？

菊花脑标准化生产应遵循以下标准：农药安全使用标准（GB 4286）；农药合理使用准则（GB/T 8321 所有部分）；无公害蔬菜产地环境要求（GB/T 18407.1—2001）；肥料合理使用准则通则（NY/T496）；中华人民共和国农业部公告第 199 号；产地环境应符合 GB/T18407.1 要求。可参考南京市地方标准 DB3201/T 020—2003。

### 195. 菊花脑主要营养及食用价值如何？

菊花脑为菊科菊属多年生宿根草本植物，菊花脑植株直立，茎半木质化，稍被细毛，株高 30～100 厘米，分枝性强，叶腋抽生侧枝。单叶互生，卵圆形或长椭圆形，叶缘具粗锯齿或二回羽状深裂，叶表面绿色，背面淡绿色，先端短尖，叶脉上具稀疏的细毛，叶柄扁圆形，具窄翼，绿色或淡紫色。舌状花和管状花同生于一个花序，黄色，典型的菊科头状花序，着生于枝顶。总苞半球形，外层苞片较内层苞片短一半，狭椭圆形，内层苞片卵圆形，先端钝圆。主侧枝各花序聚集成圆锥形，花期为9～11月。在贵州、江苏、湖南等省有野生种，现我国南北各地均有少量栽培，以南京市人工栽培历史较久，已成为南京具有地方特色的新型蔬菜。以嫩茎叶供食用，具有特殊的浓郁菊花芳香味，风味独特，稍甜，凉爽清口，食之清凉，可炒食、做汤或作火锅料。

菊花脑富含蛋白质、脂肪、维生素等，并含有黄酮类和挥发油等，每100克食用部分含蛋白质4.33克、脂肪0.34克、总酸0.09克、粗纤维1.13克、干物质10.7克、还原糖0.40克、维生素C 13.0毫克、铁1.68毫克、钙113.1毫克、锌0.62毫克。菊花脑茎叶性苦、辛、凉，有清热解毒、凉血、降血压、调中开胃等功效，可治疗便秘、高血压、头痛、目赤等疾病。

## 196. 菊花脑对环境条件有何要求?

（1）温度　菊花脑较耐寒且耐热，冬季地上部分枯死，地下部宿根越冬，第二年早春萌发新株。在我国北方冬季地上部分枯死，宿根可露地越冬，翌年春季萌发新芽；在我国南方地区无霜期长，可露地越冬。菊花脑种子在4℃以上就能发芽，幼苗生长适温为15～20℃，在20℃时生长旺盛，嫩茎叶品质最好；温度低于5℃，高于30℃生长受阻；成株在高温季节也能生长，品质差，产量低。每年的5～6月份和9～10月份为最佳采收季节。

（2）光照　菊花脑为短日照植物，强光、长日照有利于茎叶生长。在弱光下植株生长缓慢，短日照有利于花芽形成和抽薹开花。

（3）水分　菊花脑耐旱、忌涝，发芽期要求土壤保持湿润，成株期在高温季节要勤浇水。

（4）土肥　菊花脑根系发达，对土壤适应性强，耐瘠薄，在土层深厚、排水良好、富含有机质、肥沃的壤土或沙壤土中生长健壮，产量高，品质好。

## 197. 菊花脑有哪些主要品种类型？

菊花脑按其叶片大小分为小叶菊花脑和大叶菊花脑。

（1）小叶菊花脑　叶片较小，叶缘深裂刻，叶柄常带淡紫色，产量较低，品质较差，一般不宜种植。

（2）大叶菊花脑　又叫板叶菊花脑，是从小叶菊花脑中选育而成的品种。叶卵圆形，叶片较宽大，先端较钝圆，叶缘裂刻浅而细，产量较高，品质较好，是目前生产上栽培最多的一种。

## 198. 菊花脑的主要栽培季节和栽培方式有哪几种？

菊花脑露地栽培可作多年生栽培，3～4年换茬更新，面积小时可在春季进行分株繁殖，面积大时可在春季用种子育苗的方法进行扩大生产。种子繁殖时，南方于2月播种，华北地区4月上旬播种，从春季收获直到秋季。

保护地内进行冬季生产供应，可在7～8月份利用扦插育苗进行栽培，使产品供应期正好与露地供应期相衔接，以保证周年供应。

## 199. 菊花脑的繁殖方法有哪几种？

菊花脑的繁殖方法主要有种子繁殖、分株繁殖和扦插繁殖。大面积生产一般采用种子繁殖，直播或育苗移栽均可。

（1）种子繁殖　一般在2月上旬至3月上旬进行播种。选择灌溉排水条件良好，土壤疏松肥沃的地块，深翻土壤整畦，用细沙混匀种子，撒播、条播、穴播均可。每亩用种量0.5～0.7千克。播种后覆盖厚度0.5厘米的细土，浇足底水后用地膜覆盖，保持畦面湿润。在幼苗2～3片真叶、6～8厘米高时进行间苗，也可于此时移栽定植，苗龄一般30天左右。

（2）分株繁殖　一般用于小面积栽培。4月上旬，将菊花脑老桩挖出，根据老桩的大小，1桩可分成多桩，只要有根及侧芽即可，按10厘米×10厘米的行株距定植到准备好的地里。分株繁殖在早春未萌芽时进行较适宜。

（3）扦插繁殖　在整个生长季节均可进行扦插繁殖，但以5～6月份成活率最高。选取充实带顶梢的嫩枝，长6～8厘米，仅留上部2～3片叶，插入苗床（床土）的深度为插条长度的1/3～1/2。也可采用育苗钵、育苗盘、营养袋等进行扦插育苗，插后应适当遮阳，适时喷水保湿。若在温度较低时可搭塑料薄膜拱棚保温、保湿。在20℃条件下2周左右即可生根成活。

## 200. 菊花脑的田间管理有哪些要求？

（1）施肥　菊花脑生长旺盛，需肥量大，在施足基肥的基础上，应多次追肥。在定植后5天要追肥一次，促进发棵，以后每采收一次、追肥一次，每次每亩施腐熟人粪尿1 000千克或尿素5～10千克。采用多年生栽培的，待冬季地上部分完全干枯后，割去茎秆，清洁田园，每亩撒施一层腐熟的有机肥1 500～2 000千克，以利防寒越冬和春芽萌发。

（2）水分管理　出苗或移栽活根后，要经常保持畦面湿润，以利茎叶迅速生长和保持鲜嫩。高温干旱期间，要浇透水，以满足对水分的需求。菊花脑不耐涝，在梅雨季节，要及时排除积水，以免造成渍害和烂根。

（3）温度管理　当植株地上部被严霜打枯后，割去茎秆，清洁田园，施肥后及时扣棚盖膜，大棚膜四周用土块压紧压实。大棚内温度晴天白天控制在15～20℃，阴雨天比晴天低5～7℃，夜间棚内温度控制在10～15℃。温度超过25℃，应及时通风降

温，但温度过低则会引起菊花脑生长不良，应及时采取措施增温保温，如套中棚、小拱棚，夜间覆盖草帘（包）、无纺布等。

（4）中耕除草　田间杂草应及时拔除，植株封行前中耕除草，可防止土壤表面板结，有利于根系生长，中耕深度以3～5厘米为宜。实行多年生栽培的，入冬前收割完老茬茎秆后，进行浅培土或覆盖，以利越冬和早春萌芽，提早上市。

（5）植株调整　菊花脑分枝能力强，必须进行修剪，控制植株的生长，促进侧芽的萌发，便于田间管理及增强通风透光。通常植株未封行时采收、打顶。植株发育到一定程度后要控制其高度在30厘米左右，剪除旺长枝、病虫枝及枯枝，以提高产量与品质。

## 201. 如何进行菊花脑冬春季设施栽培？

一般在地上植株被严霜打枯后，割去离地约5厘米以上的枯茎，清除枯枝残叶，顺行间浇施腐熟粪水，待表土吹干以后壅根培土后扣棚。

12月上旬至翌年3月上旬期间，可采用大棚加小棚或中、小棚进行覆盖栽培。选用透光性好、防尘、耐老化、无滴透明膜作为覆盖材料。棚膜四周压紧，防止大风吹刮。

保持棚内干燥，棚温控制在1～20℃。

## 202. 如何进行菊花脑伏秋季覆盖栽培？

菊花脑伏秋覆盖栽培一般采用平棚或大棚等覆盖方式。平棚架高1.3～1.5米，遮阳网平铺覆盖，并固定好。大棚覆盖，棚两侧离地高1～1.5米不盖，遮阳网选用遮光率为50%～60%即可，具体管理要求：晴天上午9时至下午4时盖遮阳网，早、晚及阴雨天不盖。

## 203. 菊花脑的病虫害防治有何特点?

菊花脑抗性强，又具有特殊的菊香味，病虫害发生较少，以防治蚜虫为主。可采用农业、物理、生物、化学等多种预防和防治措施。

1）农业防治：拔除杂草，清洁田园，消灭蚜源。采用配方施肥，施用有机肥和生物菌肥，减少化肥的单一大量使用，增强植株的抗性。

2）物理防治：利用黄板诱蚜或银色反光膜、银灰色遮阳网覆盖等方法避蚜。

3）生物防治：使用生物农药，保护利用天敌防治虫害。

4）化学防治：严格执行GB 4285和GB/T 8321的规定。农药的混剂执行其中残留性最大有效成分的安全间隔期。改进喷药方法，采用超低量喷雾技术，在蚜害重发区进行喷药。选用高效、低毒、低残留农药，生产中一般选用10%吡虫啉可湿性粉剂，稀释浓度2 500倍喷雾，每亩使用不超过2次，安全间隔天数5天以上。

## 204. 菊花脑采收注意事项及标准是什么?

菊花脑采收，冬季和早春气温较低时，一般每隔15天左右采收1次，随着气温升高，可7～10天采收1次，直到9～10月现蕾开花。采收盛期在5～7月。初期采收用手摘或用剪刀剪取嫩梢，采收2次后，菊花脑已生长成较大植株，可用镰刀割取嫩梢。采收时注意留茬高度，保留基部隐芽。一般春季留茬高2～3厘米，夏秋季留茬高5～7厘米，确保后期产量。

采收标准：以茎梢脆嫩，嫩梢用手折不带丝为宜，即嫩茎长4～7厘米，叶片数3～6片。卫生要求见表12。

表 12　卫生指标　　　　单位为毫克/千克

| 序　号 | 项　　目 | | 指　标 |
|---|---|---|---|
| 1 | 抗蚜威（pirimicarb） | ≤ | 1.0 |
| 2 | 敌敌畏（dichlorvos） | ≤ | 0.2 |
| 3 | 毒死蜱（chlorpyrifos） | ≤ | 1.0 |
| 4 | 乐果（dimethoate） | ≤ | 1.0 |
| 5 | 氯氰菊酯（cypermethrim） | ≤ | 2.0 |
| 6 | 氰戊菊酯（fenvalerate） | ≤ | 0.5 |
| 7 | 氯氟氰菊酯（cyhalothrin） | ≤ | 0.2 |

## 十三、枸杞标准化生产技术

### 205. 枸杞生产基地的环境质量有哪些要求？

枸杞生产基地的环境质量需达到国家制定的水质、大气环境、土壤质量标准，远离城市与工业区 20 千米以上，基本无污染。水质达到国家地面水环境质量 GB3838—88 二级以上标准；大气环境达到国家环境空气质量 GB3095—96 二级以上标准；土壤质量达到国家质量 GB15618—95 二级以上标准。

### 206. 枸杞的营养与食用价值有哪些？

枸杞又名枸杞头，为茄科枸杞属多年生落叶小灌木，株高 0.6～1 米，高者可达 2 米以上。植株的水平根系很发达，直根弱，一二年生的扦插植株无主根，须根多而浅。枝条柔软细长，常弯曲下垂，节间短，枝条茎叶上具有针刺或无刺，当年小枝呈淡黄灰色。叶互生或簇生于短枝上，叶形有披针形、长披针形、阔披针形或卵形等多种，全缘，叶柄短，叶质柔软，淡绿色或鲜绿色。花为完全花，通常1～8朵簇生，淡紫色。果实为浆果，长圆形，成熟时鲜红色，味甘甜。种子多数，淡黄色，肾形或近扁圆形。开花期6～8月，结果期9～10月。

枸杞的嫩茎叶多作菜用，含有丰富的蛋白质、碳水化合物和多种维生素，营养丰富。据分析，每100克枸杞嫩茎叶中含蛋白质3～5.8克，脂肪1.1克，糖类2.9～8.0克，食用纤维1.6克，维生素C 17.5毫克，胡萝卜素3.6毫克，钾170毫克，钙36毫克，磷32毫克，铁4.89毫克，还含有多种氨基酸、维生素及丰富的无机盐和微量元素。枸杞的药用价值高，嫩茎叶性味甘平，具有清热解毒、明目利尿、降血压等作用。近代研究认为，枸杞还具有防癌抗癌的功效，长期食用枸杞叶，可以抑制癌细胞生长，降低胆固醇，防止动脉硬化等。叶用枸杞可煲汤、凉拌、素炒，口感好且具有药膳作用。

## 207. 枸杞对环境条件有何要求?

（1）温度　叶用枸杞适应性强，喜冷凉的气候条件，耐寒，不耐高温，适宜生长的温度为15～25℃，超过25℃，叶片生长不良，持续高温，枸杞生长停止，并易造成落叶。

（2）光照　叶用枸杞为喜光植物，其生长发育期需要充足的光照，特别是腋芽萌发，生出新叶，需要较好的光照条件。因此，管理上要做到及时修剪，避免遮阴，保持良好的通风和透光条件。

（3）水分　叶用枸杞对水分要求较高，比较耐旱，不耐涝，栽培管理上要注意保持田间土壤湿润，但不能积水。

（4）土肥　叶用枸杞对土壤的适应性很广，可在干旱、盐碱、瘠薄土壤上生长，但以疏松肥沃、土层深厚、排水良好、pH7.8～8.2的土壤最适宜枸杞生长。叶用枸杞的需肥量比较大，以氮肥为主，适当配合磷、钾肥的施用。

## 208. 叶用枸杞有哪些优良品种?

目前我国叶用枸杞的品种主要有细叶枸杞和大叶枸杞。

（1）细叶枸杞　株高90厘米，茎长85厘米，嫩时青色，收获时青褐色。叶片细小互生，卵状披针形，长5厘米，宽3厘米，叶肉较厚，叶面绿色，叶背浅绿色，味香浓，品质佳。叶腋有硬刺。定植至采收需50～60天，延续采收5个月左右，每亩产量为3 500～4 000千克。

（2）大叶枸杞　株高75厘米，茎长约70厘米，青色。叶片宽大互生，卵形，长8厘米，宽5厘米，叶肉较薄，叶面绿色，味较淡，产量高。无刺或有小软刺。定植到采收需60～70天，延续采收5个月，每亩产量达4 000～5 000千克。

## 209. 叶用枸杞一般选用什么季节和方式栽培?

叶用枸杞每年用插条扦插繁殖，作一年生绿叶蔬菜栽培。

（1）露地栽培　华南地区一般可在8～9月扦插，当年11月至翌年4月份多次收割，至4月以后气温较高，可适时留种；长江流域和华北地区，多于每年2～3月扦插，4月上、中旬定植，也可在4月中旬直接扦插，5月底至6月初开始采收，秋季如不开花结果可继续采收。

（2）日光温室栽培　为满足周年供应，北方地区冬季需进行温室栽培，于8～9月育苗，9月上旬至10月中旬定植，11月始收至翌年6月。

## 210. 枸杞如何繁殖?

（1）种子繁殖　将成熟果实收获后阴干，存放于干燥冷冻的

室内，至次年2月中旬，将果实用清水浸胀后捣碎，洗去果皮，选出种子，加细沙2倍混匀，堆于冷室内，经常翻动并保持湿润。一般在播种前30～40天，放到5～20℃温度条件下，3月下旬进行播种。也可在播前用多菌灵等农药拌种，以防立枯病。育苗采用条播，行距20～25厘米，挖宽5厘米、深2厘米的浅沟，将种子均匀撒入，覆土1厘米左右，稍加压实并浇透水，盖上草苫或旧膜进行保湿，每亩用种子量约250克。播种后5～7天出苗，子叶长出后，揭去草苫，注意喷水保湿和松土除草。苗高5厘米左右，及时间苗；苗高10厘米时剪去侧枝；当株高40厘米时可掐尖进行定干，同时适当剪去部分侧枝，促使主干生长粗壮。

(2) 分根繁殖　枸杞的分蘖力极强，春季萌芽前，离主根50厘米外挖出侧根，截成10厘米左右的长段，平铺于苗床内，覆土5～6厘米，浇透水，5～10天后可获得新株。

(3) 扦插繁殖　枝条扦插繁殖可细分为硬枝扦插和嫩枝扦插。

硬枝扦插育苗于春季芽萌发前，选择生长健壮、无病虫害植株，剪取直径0.4厘米以上的一年生枝条，切成长10～15厘米为一段，每段上要求带有3～5个芽，枝条上端剪成平口，下端剪成斜面，将插穗的斜面一端（约2厘米）置于15%的α-萘乙酸浸泡1昼夜，于第二天进行扦插。扦插方法：在整好的苗圃地里，按行距35～40厘米开沟，沟深15厘米，按株距10～15厘米，把处理好的插穗排放于沟内，插穗上端露出地面7～8厘米，并覆土踩实、浇水。或直接将插穗斜插于扦插床的基质内，上端露出7～8厘米，插后的苗圃地应保持湿润，促其发芽。

生产上可用珍珠岩、泥炭土、砻糠灰等混合制成扦插床的基质，或用腐熟有机肥∶河沙∶园土＝1∶3∶5配成扦插床的基质。为了防治插穗感染病害，应对基质进行消毒，常用化学药剂为高锰酸钾。

嫩枝扦插育苗可在立秋后进行，插穗取自徒长枝、营养枝（新梢、副梢）。插穗应选择较粗壮、带有3～5个健壮芽的为好，一般枝条的长度8～10厘米，留4～6片叶并用剪刀剪去一半，同时摘除多余的叶片；枝条过细影响成活率及今后的长势。为提高插穗的生根成活率，扦插前要进行药剂处理，生产上常用800～1 000毫克/千克的ABT生根粉快速处理穗条基部。扦插深度2～3厘米，行距30厘米左右，株距7～8厘米。因为嫩枝扦插时温度较高，枝条嫩，蒸腾量大，嫩枝伤口容易感染，所以插穗全部插完后，最好喷0.2%的多菌灵加以保护并用旧膜覆盖保湿。

（4）分株繁殖　我国北部地区，可在11月或次年3月中旬，将母株附近萌芽发生的幼苗连根挖出，假植于沟中，至4月上旬栽植，每穴栽苗1～3株，株行距40厘米×150厘米。栽植后要将穴土踏实，并灌足水。

## 211. 叶用枸杞栽培应掌握哪些关键技术？

叶用枸杞的栽培技术要点：

（1）扦插育苗　一般在8～9月份于露地或保护地内扦插繁殖。选择芽苞充实、无病健壮的一年生枝条，去掉顶端的幼嫩部分，从枝条基端往上每10～12厘米截成小段作为插条。每段插条要有2～4个饱满芽，下部斜削成45°，插条粗度以0.5厘米左右为宜。在扦插之前用50毫克/千克的ATP生根粉溶液浸泡24小时，可提高插条的成活率。扦插时，插条腋芽向上，斜插入土，留1/4露出土面。插后浇一次透水，用稻草或塑料薄膜覆盖保墒。一般10天后即开始发生不定根和新梢，选留3～5条健壮新梢，多余的疏去。一般经过20～25天即可进行移栽。

（2）整地作畦　定植前深翻土地，结合整地，每亩施入腐熟的有机肥 2 000～2 500 千克、复合肥 50 千克。露地种植密度宜偏稀，整平后做成 1.3 米宽的畦；温室栽培应偏密，做成南北向的平畦，畦面宽约 1.5 米，畦与畦之间留有 10 厘米宽的走道。

（3）定植　开沟或挖穴定植，栽植深度 6～7 厘米，株行距为 15～20 厘米×20～30 厘米。定植后立即浇一次定植水，促进缓苗。

（4）田间管理　枸杞生长期长，需肥量大，也比较耐肥。当新芽抽生后即可开始追施清淡肥料，每隔 10～15 天施一次。在嫩茎叶采收期间，10 天追肥一次。肥料以充分腐熟的人畜粪为主，结合饼肥，初期浓度 10%，以后逐渐加大至 30%～40%，并配合施少量化肥。化肥以氮肥为主，每亩可用尿素 5 千克或磷酸二铵 10 千克对水淋施。浇水宜勤浇少浇，保持土壤湿润即可，扦插繁殖的叶用枸杞，根系浅，吸收能力弱，水分过多会影响根系生长。平时园间除草和中耕时要及时对根部进行培土，以促进根部不定芽的发生，产生肥嫩的基生梢。7～8 月伏旱期，要及时灌水抗旱。同时要结合浇水施肥进行中耕除草，增加土壤通透性，保持土壤湿润。10 月上、中旬定植在日光温室、大棚中的苗，应注意温度控制，保持在 15～25℃。冬季气温偏低时，可套盖小拱棚，夜间再覆盖保温材料。当棚内温度高于 25℃时，应及时通风降温。冬季保护地栽培以提高温度为主，浇水、施肥的次数应尽量减少。

（5）采收　露地扦插栽培的叶用枸杞，一般在扦插后 50～60 天即可开始收获，第一次在距地表 25～30 厘米处剪下嫩梢，长 20 厘米左右，扎成小把出售，以后每隔 20 天可采收一次。先采收生长旺盛的枝条，留下的幼枝继续生长。当枝条长到 40～50 厘米，在基部又可割取嫩枝。在采收过程中，要特别注意留足基部的腋芽（3～6 个），以利萌发出更多的新枝条。5 月下旬以后，用于扩繁的枝条应停止采收，以备 9 月中、下旬进行扩繁。一般枸杞每亩产量可达3 000～5 000千克。

## 212. 叶用枸杞主要病虫害有哪些？如何防治？

叶用枸杞抗逆性比较强，但也有少数病虫害发生，主要有蚜虫、枸杞瘿螨、炭疽病、根腐病、白粉病等。

（1）枸杞瘿螨　是危害较严重的一种螨类害虫，以口针刺吸危害枸杞叶片与嫩枝为主，刺激受害部位的细胞增生，形成包状瘤瘿，螨在瘤瘿内寄生、繁殖和危害。严重影响到叶用的品质与商品外观。春季萌芽前是防治最适期，可采用45%～50%的硫黄胶悬剂300倍稀释液或用3～5波美度石硫合剂清园，还可兼治其他螨类；秋冬季全园大清剪时将危害严重的枝条清出园外集中烧毁；虫害发生期用40%乐果1 000倍稀释液喷洒。

（2）蚜虫　危害嫩茎或嫩叶，吸取植株汁液，可用50%抗蚜威可湿性粉剂4 000倍液或10%吡虫啉3 000倍液喷洒。每7～10天喷一次，连喷1～2次。

（3）根腐病　一般4～6月开始发生，7～8月较严重。在植株根颈部开始发病，初期植株局部皮层腐烂，后期整株失水而萎蔫。防治上应注意田间排涝，防止积水；中耕时，不要碰伤植株，避免病菌从伤口侵入；及时拔除感病植株，并在其周围撒施生石灰、喷洒托布津等杀菌剂预防。

（4）白粉病　主要危害叶片和嫩枝。防治上应加强田间管理，收获后及时处理病残体，栽植密度适宜，必要时修剪疏枝以利于通风透光。发病初期及时喷60%菌可得600倍液或者15%三唑酮可湿性粉剂2 000倍液，每隔7～10天喷一次，喷施2～3次。

## 213. 枸杞如何采收？

扦插后50～60天开始收获，先采摘最旺的枝条，留下的嫩枝继续生长，以后分批采摘。一般每隔20～30天采摘一次，可采摘8～10次。到了夏季，枸杞不能继续采摘上市，这时就要注意在原畦留种。即在4月下旬将基部老叶摘去，顶端留少数叶片，天旱适时浇水，使植株正常生长，直至秋季种植时，选取老壮枝条作种苗种植；或刈取粗壮的枝条，成束堆藏在阴凉、潮湿的土壤中，上面遮盖稻草或树叶，贮至秋季取出种植。

# 第四章　绿叶菜类蔬菜产品质量标准与监测检测措施

## 214. 什么是农产品质量标准体系？

农产品质量标准体系包括对农产品的类别、质量要求、包装、运输、贮运等所作的技术规定。它是农产品质量检测的依据，也是农产品质量管理的基础。要提高农产品质量，就必须有先进、科学、合理的标准。农产品质量标准的制定，是根据农业生产的实际水平和人民生活的消费水平，考虑科学发展的先进因素，体现国家经济政策和技术水平，在研究历年来农产品质量资料的基础上，经有关方面协商同意，由主管机构批准、发布。标准一经批准、发布，就是技术法规，任何个人和单位都必须严格贯彻执行，不得擅自更改或降低标准。

## 215. 农产品感官品质包括哪些？

可以通过人的视觉、嗅觉、触觉和味觉进行综合评价的品质特性被称作“感官品质”性状。它包括：

1）外部感官品质，如颜色、大小、形状，依靠视觉和触觉鉴定。此外，果蔬产品的新鲜程度、整齐度、病斑、虫口等感观品质较容易理解和掌握。

2）内在感官品质，如风味和质地主要依靠味觉和嗅觉鉴定。

## 216. 绿叶菜类蔬菜产品的感官要求有哪些?

绿叶菜类蔬菜产品的感官要求见表13。

**表13　绿色食品　绿叶菜类蔬菜感官要求**（NY/T743—2003）

| 品　　质 | 规　　格 | 限　　度 |
|---|---|---|
| 1）同一品种或相似品种，成熟适度，色泽正，新鲜，果面清洁<br>2）无腐烂、畸形、异味、冷害、冻害、病虫害及机械伤 | 同规格的样品其整齐度应≥90% | 每批样品中不符合品质要求的样品按质量计总不合格率不应超过5% |

注：腐烂、异味和病虫害为主要缺陷。

## 217. 绿叶菜类蔬菜营养指标有哪些?

绿叶菜类蔬菜营养指标见表14。

**表14　绿色食品　绿叶菜类蔬菜营养指标**（NY/T743—2003）

单位为毫克每百克

| 项　目 | 菠菜 | 叶用莴苣 | 芹菜 | 茼蒿 | 蕹菜 |
|---|---|---|---|---|---|
| 维生素C | ≥30 | ≥10 | ≥8 | ≥22 | ≥16 |

注：本指标仅作参考，不作为判定依据。

## 218. 绿叶菜类蔬菜卫生指标有哪些?

绿叶菜类蔬菜卫生指标见表15。

**表15　绿色食品　绿叶菜类蔬菜卫生指标**（NY/T743—2003）

单位为毫克/千克

| 序　号 | 项　　目 | 指　标 |
|---|---|---|
| 1 | 砷（以As计） | ≤0.2 |
| 2 | 汞（以Hg计） | ≤0.01 |
| 3 | 铅（以Pb计） | ≤0.1 |

（续）

| 序 号 | 项 目 | 指 标 |
| --- | --- | --- |
| 4 | 镉（以Cd计） | ≤0.05 |
| 5 | 氟（以F计） | ≤0.5 |
| 6 | 乙酰甲胺磷（acephate） | ≤0.02 |
| 7 | 乐果（dimethoate） | ≤1 |
| 8 | 毒死蜱（chlorpyrifos） | ≤0.05 |
| 9 | 敌敌畏（dichlorvos） | ≤0.1 |
| 10 | 氯氰菊酯（cypermethrin） | ≤0.2 |
| 11 | 溴氰菊酯（deltamethrin） | ≤0.1 |
| 12 | 氰戊菊酯（fenvalerate） | ≤0.02 |
| 13 | 百菌清（chlorothalonil） | ≤1 |
| 14 | 多菌灵（carbendazim） | ≤0.1 |
| 15 | 亚硝酸盐（以$NaNO_2$计） | ≤2 |

注：其他农药参照《农药管理条例》和有关农药残留限量标准。

## 219. 农产品质量检测体系的构成涵盖哪些方面？

农产品质量检测体系是指为提高农副产品、农用资料和农业生态环境的质量，由各类具有农业专业技术和检测能力的检验、测试机构组成的监测网络。主要由三部分组成：农产品质量检测、农产品生产过程检测和农产品生产环境检测。其中，农产品质量检测主要是检测进入市场的农产品质量。农产品生产过程检测是指农产品的生产各环节是否符合标准所规定的具体操作规程和生产技术，以及投入品的使用等方面。农产品的生产环境检测主要指农产品生产区域的土壤质量、大气、水质等方面的污染程度检测。

农产品质量检测应按一定的规范和程序进行，这样才能确保检验的质量。农产品质量检验规程一方面规定了农产品质量检测内容和方法，另一方面规定了农产品质量检测的项目和内容。

农产品质量检测，一般采用感官检验法和理化检验法。

感官检测法概括起来有以下几种：视觉检测法、味觉检测法、触觉检测法、嗅觉检测法、听觉检测法。以上几种方法在实际操作时是交互使用的，不是孤立的。

理化检验法包括物理检测法、化学检测法和卫生检测法。

## 220. 何谓农产品质量认证体系？

农产品质量认证体系是农产品质量的认证机构依据国家和地方的有关标准和认证规定，对区域内的农业生产环境、技术规程、产品质量等方面进行科学、可靠的监测后，确认其符合相关等级标准，为进入相应等级市场提供有效准入凭据的一种地方性认证实施体系。对于认定合格的产品、生产基地等颁发相应的证书。

农产品质量认证工作的程序：

提出申请→初步检查→检验评定→颁发认证证书→监督复查

农产品质量认证主要是对农产品的质量是否合格或质量达到哪种等级进行鉴定。大体上农产品可实行三级认证制度，即准入级、优质级和出口级。

准入级农产品，应符合“标准”规定的最低标准，属于强制实行的标准，不发证书，生产者必须执行。

优质级农产品，经生产者申请，由认证机构根据“标准”审查合格后，发给质量认证证书和发放相应的标志。

出口级农产品，经生产者申请，由认证机构对其生产过程进行审查合格后，发给准予出口农产品的产品认证证书和标志，并向外界推荐此类农产品。

## 221. 叶菜类蔬菜生产中污染的主要来源有哪些？

安全是指农产品的危害因素，如农药残留、兽药残留、重金属污染等对人、动植物和环境存在的危害和潜在危害。质量安全是农产品安全、优质、营养的综合。从污染的途径和因素考虑，农产品的安全问题，大体上可以分为物理性污染、化学性污染、生物性污染和本底性污染四种类型。物理性污染是指物理因素对

农产品质量安全产生的危害，是由于在农产品收获或加工过程中操作不规范，不慎在农产品中混入有毒有害杂质，导致农产品受到污染。该污染可以通过规范操作加以防范。化学性污染是指在生产、加工过程中不合理使用化学合成物质而对农产品质量安全产生的危害。如使用禁用农药，过量、过频使用农药等造成的有毒有害物质残留污染。该污染可以通过标准化生产进行控制。生物性污染是指自然界中各类生物性因子对农产品质量安全产生的危害，如致病性细菌、病毒以及毒素污染等。生物性危害具有较大的不确定性，控制难度大，有些可以通过预防控制，而大多数则需要通过采取综合治理措施。本底性污染是指农产品产地环境中的污染物对农产品质量安全产生的危害。主要包括产地环境中水、土、气的污染，如灌溉水、土壤、大气中的重金属超标等。本底性污染治理难度最大，需要通过净化产地环境或调整种养品种等措施加以解决。

## 222. 影响无公害蔬菜产品质量安全的主要因素有哪些?

根据有关部门对全国各地主要蔬菜种类质量安全的检测及分析，影响无公害蔬菜产品质量安全的主要因素有：有害重金属、非金属物污染，硝酸盐和亚硝酸盐污染，农药残留污染。

（1）有害的金属及非金属主要包括:铬、镉、铅、汞、砷、氟。

（2）硝酸盐、亚硝酸盐污染　自然界中的氮化合物硝酸盐和亚硝酸盐广泛分布于人类生存的环境之中。硝酸盐能在动物体内外，经硝酸盐还原菌作用还原成亚硝酸盐。亚硝酸盐可将人体血液中血红素的二价铁氧化成三价铁，从而失去结合氧的能力，逐渐引起机体组织缺氧，患氧化血红素症。亚硝酸盐还可能与人体胃中的仲胺、叔胺等次级胺形成强致癌物亚硝胺。动物实验已证实亚硝胺具有强烈的致癌性，它对动物肝、肺、肾、膀胱、食管、胃、小肠、脑、脊髓等重要器官都能引起癌变。亚硝胺还可能通过胎盘输给胎儿，导致子代发生畸形，如在动物妊娠期给予一定计量的亚硝胺，其子代会产生肿瘤或癌症，且发生率高达100%。人体摄入的硝酸盐有80%来自蔬菜。

(3) 农药残留污染　农药在防治蔬菜的病虫害，保证产量和品质方面，具有重要作用，根据估计，不使用农药，蔬菜由于受病虫害，将导致减产10%左右。

农药残留是农药使用后残留于生物体、农副产品和环境中的微量农药原体、有毒代谢物、降解物和杂质的总称，残存的数量称为残留量，以每千克样本中有多少毫克（或微克、纳克）表示。农药残留是施药后的必然现象，但如果超过最大残留限量，对人畜产生不良影响或通过食物链对生态系统中的生物造成毒害，则称为农药残留毒性（简称残毒）。

## 223. 无公害蔬菜产品安全质量标准是什么？

目前，我国农产品质量安全工作的重点是要解决化学性污染和相应的安全隐患。农业部实施的“无公害食品行动计划”，就是从农药残留、兽药残留、违禁药物等关键因子入手，主要解决农产品的安全问题，让消费者放心食用农产品。

为确保蔬菜食用安全，必须对蔬菜产品残留有害物质的最大量作出限定，即无公害蔬菜产品安全质量标准。所限量的有害物质包括有害的金属和非金属元素及农药残留物等。

在蔬菜产品中农药残留的法定最高允许浓度（Maximum Residue Limit，MRL），以每千克蔬菜产品中农药残留的毫克数表示（毫克/千克），也称允许残留量。中国于1985年采用MRL。MRL是按照农药标签上规定的施药量和方法使用农药后，在食物中残留的最大浓度。在中国，卫生部食品卫生标准委员会提出MRL，由卫生部发布。其制定MRL依据，主要参阅FAO和各国农药公司提供的数据。

## 224. 如何实现农产品生产全程监控？

强化全程监管力度，保障农产品质量安全，必须树立全程监管理念，坚持预防为主、源头治理的工作思路。

（1）加强产地环境监管　严格控制工业“三废”和城市生活垃圾对农业生态环境和农产品的污染，建立农产品产地环境普查和定点监测制度，实施基本农田质量普查监测计划，加强产地环境的整治和净化工作。

（2）加强对农业投入品的监管　建立健全市场准入制度，加大市场监管，整顿规范市场秩序，严厉打击制售、使用假冒伪劣农资行为。加大对剧毒、高毒农药的监管力度，大力推广高效低残毒农药。推进种植业产品、畜产品、水产品专项整治，确保突出问题能管住，关键措施能到位，整治工作有成效。积极开展放心农资下乡进村活动，大力推行农资连锁经营、农资直供等多种模式，加快推进农资信誉体系建设，不断完善农资监管长效机制。

（3）加强动植物疫病的监控　坚持“预防为主、综合防治”的方针，加大对水陆生动植物保护力度，加快无规定动植物疫病区建设，提高区域动植物疫病控制能力。

（4）强化对“菜篮子”产品质量安全的监管　重点监控农药、兽药、鱼药残留以及饲料添加剂等有毒有害物质。建立健全农产品质量安全监测制度，积极开展监督或专项抽查。强化对农产品质量安全的一线监管，防止个别企业、产品出现质量安全问题，给全行业甚至整个农产品供给造成不应有的损失。建立统一的农产品质量信息发布制度，自觉接受社会和舆论的监督。严格信息发布规范，维护好生产者和消费者的合法权益。

（5）加强市场监管　按照先行试点、逐步推开的原则，加快推进市场准入制度建设。选择重点农产品生产企业或农民专业合作经济组织，重点农产品生产基地以及批发市场、超市，引导他们对基地生产的产品进行自检，做到产地准出；帮助农产品批发市场、超市建立监测报告制度，做到产品准入；引导农产品生产企业、农民专业合作经济组织推行产品包装贴牌上市，做到产品可追溯。

## 225. 无公害蔬菜的产品检测内容有哪些？

无公害蔬菜的产品检测内容主要包括农药残留、硝酸盐含量、工业“三废”中的有害物质含量、病原微生物含量等。

（1）农药检测标准　我国对A级绿色蔬菜中的农药残留限量作了规定，见表16。

表16　A级绿色蔬菜中农药允许残留限量标准

| 农药名称 | 允许残留量（毫克/千克） | 农药名称 | 允许残留量（毫克/千克） | 农药名称 | 允许残留量（毫克/千克） |
|---|---|---|---|---|---|
| 对硫磷 | ND | 乙酰甲胺磷 | ≤0.2 | 氰戊菊酯 | ≤0.2（果菜类） |
| 马拉硫磷 | ND | 喹硫磷 | ≤0.2 | 百菌清 | ≤1.0 |
| 甲拌磷 | ND | 地亚农 | ≤0.5 | 敌百虫 | ≤0.2 |
| 杀螟硫磷 | ≤0.2 | 抗蚜威 | ≤1.0 | 辛硫磷 | ≤0.05 |
| 倍硫磷 | ≤0.05 | 溴氰菊酯 | ≤0.5（叶菜类） | 多菌灵 | ≤0.5 |
| 敌敌畏 | ≤0.2 | 溴氰菊酯 | ≤0.2（果菜类） | 二氯苯醚菊酯 | ≤1.0 |
| 乐果 | ≤1.0 | 氰戊菊酯 | ≤0.5（叶菜类） | | |

注：ND指不得检出。

（2）硝酸盐检测标准　硝酸盐在人体内容易还原成亚硝酸盐，并进一步与肠、胃中的胺类物质合成极强的致癌物质——亚硝胺，易导致癌症发生。蔬菜产品中硝酸盐安全限量标准见表17。

表17　蔬菜硝酸盐安全限量标准*

| 蔬菜 | 叶菜类 | | 根茎类 | 花菜类 | 瓜果类 | |
|---|---|---|---|---|---|---|
| | 保护地 | 露地 | | | | |
| 硝酸盐含量（毫克/千克） | <3 000 | <1 200 | <1 200 | <400 | <200 | <100 |
| 建议 | 熟吃 | 熟吃 | 熟吃，不宜生吃 | 熟吃，不宜生吃 | 生吃 | 生吃 |

*　引自《绿色食品　农产品（果蔬）基地环境条件与生产技术》。

（3）蔬菜中有害元素检测标准　有害元素检测标准执行的是我国食品卫生规定的蔬菜中重金属等有害物质允许含量规定，见表18。

**表18　蔬菜中有害元素限量标准**

| 有害元素 | 汞（Hg） | 镉（Gd） | 铅（Pb） | 砷（As） | 铜（Cu） | 锌（Zn） | 硒（Se） | 氟（F） |
|---|---|---|---|---|---|---|---|---|
| 允许指标（毫克/千克） | ≤0.01 | ≤0.05 | ≤0.2 | ≤0.5 | ≤10 | ≤20 | ≤0.1 | ≤1.0 |

# 226. 蔬菜中农药残留快速检测方法工作流程图

取样

↓

剪碎

↓混匀

称取2克

↓加20毫升缓冲液

振荡2分钟

↓静置3～5分钟

取3毫升样品提取液，加入50微升酶溶液，加50微升显色剂

↓振荡0.5分钟

放入37～38℃的恒温水浴锅15分钟

↓加入50微升底物

振荡0.5分钟

↓412纳米

倒入1厘米比色皿中比色，记录第一次读数

↓

在3分钟后再记录第二次读数

↓

计算抑制率

↓

根据抑制率进行结果判定

## 227. 硝酸盐（亚）检测方法工作流程图

四分法取样
↓
打成1∶1匀浆
↓加2滴消泡剂
称匀浆2～20克
↓加2克活性炭
用约90毫升水洗入250毫升容量瓶中
↓加入5毫升氨缓冲液
振荡30分钟
↓加入蛋白质沉淀剂2毫升
定容过滤，得无色清亮提取液，同时做空白试验
↓
吸取2～5毫升提取液于50毫升容量瓶中，用水定容
↓
用1厘米石英比色皿于219纳米处测定

## 228. 如何建立蔬菜基地的自检、台账、产品标识制度？

开展农业标准化生产，首先，农业生产者本身应有很强的标准化意识，在标准实施的过程中，从产前的生产资料的准备、农业生产环境的检测，生产过程中的农业生产技术规范，到产后的加工、贮运每一个环节，对照标准进行自我检查，对不符合标准的行为通过自我监督予以纠正，以达到农业标准化生产的目的。

生产过程建立台账制度，对生产资料的采购、各种标准实施的记录、检验检测记录，同时对标准实施的计划、组织、措施等进行书面记录，便于以后的查账。

农产品标识制度，就是在包装上标明产品名称、生产单位和单位地址；根据产品的特点和使用要求，标明产品规格、等级；需要事先让消费者知晓的，应在外包装上注明；限期使用的产品，应当在显著位置清晰地标明生产日期和安全使用期等。

# 附录

## 无公害食品　蔬菜产地环境条件

**（NY 5010—2001）**

### 1　范围

本标准规定了无公害蔬菜产地和环境条件的定义、产地选择要求、环境空气质量、灌溉水质量、土壤环境质量的各个项目及其浓度（含量）限值和试验方法。

本标准适用于陆生无公害蔬菜产地，水生无公害蔬菜产地可参照执行。

### 2　规范性引用文件（简略）

GB 3095　环境空气质量标准

GB 5084　农田灌溉水质标准

GB/T 5750　生活饮用水标准检验法

GB/T 6920　水质　pH 的测定　玻璃电极法

GB/T 7467　水质　六价铬的测定　二苯碳酰二肼分光光度法

GB/T 7468　水质　总汞的规定　冷原子吸收分光光度去

GB/T 7475　水质　铜、锌、铅、镉的测定　原子吸收分光光度法

GB/T 7484　水质　氟化物的测定　离子选择电极法

GB/T 7485　水质　总砷的测定　二乙基二硫代氨基甲酸银分光光度法

GB/T 7487　水质　氰化物的测定　第二部分：氰化物的测定

GB/T 8170　数值修约规则

GB/T 11914　水质　化学需氧量的测定　重铬酸盐法

GB/T 15262　环境空气　二氧化硫的测定　甲醛吸收-副玫瑰苯胺分光光度法

GB/T 15432　环境空气　总悬浮颗粒物的测定　重量法

GB/T 15433　环境空气　氟化物的测定　石灰滤纸·氟离子选择电极法

GB/T 15434　环境空气　氟化物的测定　滤膜·氟离子选择电极法

GB/T 15435　环境空气　二氧化氮的测定　Saltzman 法

GB 15618　土壤环境质量标准

GB/T 16488　水质　石油类和动植物油的测定　红外光度法

GB/T 17134　土壤质量　总砷的测定　二乙基二硫代氨基甲酸银分光光度法

GB/T 17136　土壤质量　总汞的测定　冷原子吸收分光光度法

GB/T 17137　土壤质量　总铬的测定　火焰原子吸收分光光度法

GB/T 17138　土壤质量　铜、锌的测定　火焰原子吸收分光光度法

GB/T 17141　土壤质量　铅、镉的测定　石墨炉原子吸收分光光度法

NY 395　农田土壤环境质量监测技术规范

NY 396　农用水源环境质量监测技术规范

NY 397　农区环境空气质量监测技术规范

## 3　术语和定义

下列术语和定义适用于本标准。

**3.1**

蔬菜产地：具有一定面积和生产能力的栽培蔬菜的土地。

**3.2**

环境条件：影响蔬菜生长和质量的空气、灌溉水、土壤等自然条件。

## 4　要求

### 4.1　产地选择

无公害蔬菜产地应选择在生态条件良好，远离污染源，并具有可持续生产能力的农业生产区域。

### 4.2　环境空气质量

无公害蔬菜产地环境空气质量应符合表 1 的规定。

**表1　环境空气质量指标**

| 项　　目 | | 浓度限值 | |
|---|---|---|---|
| | | 日平均 | 1h平均 |
| 总悬浮颗粒物（标准状态），$mg/m^3$ | ≤ | 0.30 | — |
| 二氧化硫（标准状态），$mg/m^3$ | ≤ | 0.15 | 0.50 |
| 二氧化氮（标准状态），$mg/m^3$ | ≤ | 0.12 | 0.24 |
| 氟化物（标准状态） | ≤ | $7\mu g/m^3$ | $20\mu g/m^3$≤ |
| | | $1.8\mu g/(dm^3 \cdot d)$ | — |

注1：日平均指任一日的平均浓度。

注2：1h平均指任一小时的平均浓度。

## 4.3　灌溉水质量

无公害蔬菜产地灌溉水质应符合表2的规定。

**表2　灌溉水质量指标**

| 项　　目 | | 浓度限值 |
|---|---|---|
| pH | | 5.5～8.5 |
| 化学需氧量，mg/L | ≤ | 150 |
| 总汞，mg/L | ≤ | 0.001 |
| 总镉，mg/L | ≤ | 0.005 |
| 总砷，mg/L | ≤ | 0.05 |
| 总铅，mg/L | ≤ | 0.10 |
| 铬（六价），mg/L | ≤ | 0.10 |
| 氟化物，mg/L | ≤ | 2.0 |
| 氰化物，mg/L | ≤ | 0.50 |
| 石油类，mg/L | ≤ | 1.0 |
| 粪大肠菌群，个/L | ≤ | 10 000 |

## 4.4　土壤环境质量

无公害蔬菜产地土壤环境质量应符合表3的规定。

表 3　土壤环境质量指标

| 项　目 | | 含量限值 | | |
|---|---|---|---|---|
| | | pH＜6.5 | pH6.5～7.5 | pH＞7.5 |
| 镉，mg/L | ≤ | 0.30 | 0.30 | 0.60 |
| 汞，mg/L | ≤ | 0.30 | 0.50 | 1.0 |
| 砷，mg/L | ≤ | 40 | 30 | 25 |
| 铅，mg/L | ≤ | 250 | 300 | 250 |
| 铬，mg/L | ≤ | 150 | 200 | 250 |
| 铜，mg/L | ≤ | 50 | 100 | 100 |

注：以上项目均按元素量计，适用于阳离子交换量＞5cmol（＋）/kg 的土壤；若≤5cmol（＋）/kg，其标准值为表内数值的半数。

## 5　试验方法

### 5.1　空气环境质量监测

5.1.1　总悬浮颗粒的测定按照 GB/T 15432 执行。

5.1.2　二氧化硫的测定按照 GB/T 15262 执行。

5.1.3　二氧化氮的测定按照 GB/T 15435 执行。

5.1.4　氟化物的测定按照 GB/T 15433 或 GB/T 15434 执行。

### 5.2　灌溉水质监测

5.2.1　pH 的测定按照 GB/T 6920 执行。

5.2.2　化学需氧量的测定按照 GB/T 11914 执行。

5.2.3　总汞的测定按照 GB/T 7468 执行。

5.2.4　总砷的测定按照 GB/T 7485 执行。

5.2.5　铅、镉的测定按照 GB/T 7475 执行。

5.2.6　六价铬的测定按照 GB/T 7467 执行。

5.2.7　氰化物的测定按照 GB/T 7484 执行。

5.2.8　氟化物的测定按照 GB/T 7484 执行。

5.2.9　石油类的测定按照 GB/T 16488 执行。

5.2.10　粪大肠菌群的测定按照 GB/T 5750 执行。

### 5.3　土壤环境质量监测

5.3.1　铅、镉的测定按照 GB/T 17141 执行。

5.3.2　汞的测定按照 GB/T 17136 执行。

5.3.3　砷的测定按照 GB/T 17134 执行。

5.3.4　铬的测定按照 GB/T 17137 执行。

5.3.5　铜的测定按照 GB/T 17138 执行。

**6　检验规则**

**6.1　产地环境**

无公害蔬菜产地必须符合无公害蔬菜产地环境条件要求。

**6.2　无公害蔬菜产地环境质量监测采样方法**

6.2.1　环境空气质量监测的采样方法按照 NY 397 执行。

6.2.2　灌溉水质量监测的采样方法按照 NY 396 执行。

6.2.3　土壤环境质量监测的采样方法按照 NY 395 执行。

**6.3　检验结果的数值修约**

按照 GB/T 8170 执行。

# 绿色食品　绿叶类蔬菜
## (NY/T 743—2003)

**1　范围**

本标准规定了绿色食品绿叶类蔬菜的要求、试验方法、检验规则、标志、包装、运输和贮存等。

本标准适用于绿色食品绿叶类蔬菜。

**2　规范性引用文件（简略）**

GB/T 5009.11　食品中总砷及无机砷的测定

GB/T 5009.12　食品中铅的测定

GB/T 5009.15　食品中镉的测定

GB/T 5009.17　食品中总汞及有机汞的测定

GB/T 5009.18　食品中氟的测定

GB/T 5009.20　食品中有机磷农药残留量的测定

GB/T 5009.105　黄瓜中百菌清残留量的测定

GB/T 5009.110　植物性食品中氯氰菊酯、氰戊菊酯和溴氰菊酯残留量的测定

GB/T 5009.188　蔬菜、水果中甲基托布津、多菌灵的测定

GB/T 6195　水果、蔬菜维生素C含量测定方法（2，6-二氯靛酚滴定法）

GB/T 8855　新鲜水果和蔬菜的取样方法

GB/T 15401　水果、蔬菜及其制品 亚硝酸盐和硝酸盐含量的测定

NY/T 391　绿色食品　产地环境技术条件

NY/T 655　绿色食品　茄果类蔬菜

NY/T 658　绿色食品　包装通用准则

## 3　术语和定义

NY/T 655确立的术语和定义适用于本标准。

## 4　要求

### 4.1　环境

产地环境条件应符合NY/T 391的要求。

### 4.2　感官

感官应符合表1的规定。

表1　绿色食品绿叶类蔬菜感官要求

| 品　　质 | 规　　格 | 限　　度 |
| --- | --- | --- |
| 1. 同一品种或相似品种，成熟适度，色泽正，新鲜、果面清洁<br>2. 无腐烂、畸形、异味、冷害、冻害、病虫害及机械伤 | 同规格的样品其整齐应≥90% | 每批样品中不符合品质要求的样品按质量计总不合格率不应超过5% |

注：腐烂、异味和病虫害为主要缺陷。

### 4.3　营养指标

营养指标应符合表2的要求。

**表 2　绿色食品绿叶类蔬菜营养指标**

单位为每百克毫克数

| 项　目 | 菠菜 | 叶用莴苣 | 芹菜（茎） | 丝瓜 | 茼蒿 | 蕹菜 |
|---|---|---|---|---|---|---|
| 维生素 C | ≥30 | ≥10 | ≥8 | ≥4 | ≥22 | ≥16 |

注：本标准中的指标仅作参考，不作为判定依据。

**4.4　卫生指标**

卫生指标应符合表 3 的要求。

**表 3　绿色食品绿叶类蔬菜卫生指标**

单位为毫克/千克

| 序　号 | 项　目 | 指　标 |
|---|---|---|
| 1 | 砷（以 As 计） | ≤0.2 |
| 2 | 汞（以 Hg 计） | ≤0.01 |
| 3 | 铅（以 Pb 计） | ≤0.1 |
| 4 | 镉（以 Cd 计） | ≤0.05 |
| 5 | 氟（以 F 计） | ≤0.5 |
| 6 | 乙酰甲胺磷（acephate） | ≤0.02 |
| 7 | 乐果（dimethoate） | ≤1 |
| 8 | 毒死蜱（chlorpyrifos） | ≤0.05 |
| 9 | 敌敌畏（dichlorvos） | ≤0.1 |
| 10 | 氯氰菊酯（cypermethrin） | ≤0.2 |
| 11 | 溴氰菊酯（deltamethrin） | ≤0.1 |
| 12 | 氰戊菊酯（fenvalerate） | ≤0.02 |
| 13 | 百菌清（chlorothalonil） | ≤1 |
| 14 | 多菌灵（carbendazim） | ≤0.1 |
| 15 | 亚硝酸盐（以 $NaNO_2$ 计） | ≤2 |

注：其他农药参照《农药管理条例》和有关农药残留限量标准。

## 5 试验方法

### 5.1 感官要求的检测

5.1.1 按 GB/T 8855 的规定，随机抽取样品 2～3 kg，用目测法进行品种特征、色泽、清洁、腐烂、冻害、畸形、抽薹、病虫害及机械伤害等项目的检测。病虫害症状不明显而有怀疑者，应用刀剖开检测。异味用嗅的方法检测。

5.1.2 用台秤称量每个样品的质量，按下述方法计算整齐度：样品的平均质量乘以（1±8%）。

### 5.2 维生素 C 的检测

按 GB/T 6195 规定执行。

### 5.3 卫生指标的检测

5.3.1 砷

按 GB/T 5009.11 规定执行。

5.3.2 铅

按 GB/T 5009.12 规定执行。

5.3.3 镉

按 GB/T 5009.15 规定执行。

5.3.4 汞

按 GB/T 5009.17 规定执行。

5.3.5 氟

按 GB/T 5009.18 规定执行。

5.3.6 氯氰菊酯、溴氰菊酯、氰戊菊酯

按 GB/T 5009.110 规定执行。

5.3.7 乙酰甲胺磷、乐果、毒死蜱

按 GB/T 5009.20 规定执行。

5.3.8 百菌清

按 GB/T 5009.105 规定执行。

5.3.9 多菌灵

按 GB/T 5009.188 规定执行。

5.3.10 亚硝酸盐

按 GB/T 15401 规定执行。

## 6 检验规则

### 6.1 检验分类

6.1.1 型式检验

型式检验是对产品进行全面考核，即对本标准规定的全部要求进行检验。有下列情形之一者应进行型式检验：

a）申请绿色食品标志或进行绿色食品年度抽查检验；

b）国家质量监督机构或主管部门提出型式检验要求；

c）前后两次抽样检验结果差异较大；

d）生产环境发生较大变化。

6.1.2 交收检验

每批产品交收前，生产单位都要进行交收检验。交收检验内容包括感官、标志和包装。检验合格后并附合格证方可交收。

### 6.2 组批检验

同产地、同规格、同时采收的瓜类蔬菜作为一个检验批次。批发市场同产地、同规格的瓜类蔬菜作为一个检验批次。超市相同进货渠道的瓜类蔬菜作为一个检验批次。

### 6.3 抽样方法

按照 GB/T 8855 中的有关规定执行。

报验单填写的项目应与实货相符，凡与实货单不符，品种、规格混淆不清，包装容器严重损坏者。应由交货单位重新整理后再行抽样。

### 6.4 包装检验

按第 8 章的规定进行。

### 6.5 判定规则

6.5.1 每批受检样品抽样检验时，对不符合感官要求的样品做各项记录。如果一个样品同时出现多种缺陷，选择一种主要的缺陷，按一个残次品计算。不合格品的百分率按式（1）计算，计算结果精确到小数点后一位。

$$X = m_1 / m_2 \quad (1)$$

式中：$X$——单项不合格百分率（%）；

$m_1$——单项不合格品的质量；

$m_2$——检验批次样本的总质量。

各单项不合格百分率之和即为总不合格百分率。

6.5.2　限度范围：每批受检样品，不合格率按其所检单位（如每箱、每袋）的平均值计算，其值不应超过所规定限度。

如同一批次某件样品不合格百分率超过规定的限度时，为避免不合格率变异幅度太大，规定如下：规定限度总计不超过5%者，则任一件包装不合格百分率的上限不应超过8%。

6.5.3　卫生指标有 项不合格，该批次产品为不合格。

6.5.4　复验：该批次样本标志、包装、净含量不合格者，允许生产单位进行整改后申请复验一次。感官和卫生指标检测不合格不进行复验。

## 7　标志

**7.1**　包装上应明确标明绿色食品标志。

**7.2**　每一包装上应标明产品名称、产品的标准编号、商标、生产单位（或企业）名称、详细地址、产地、规格、净含量和包装日期等，标志上的字迹应清晰、完整、准确。

## 8　包装、运输和贮存

### 8.1　包装

8.1.1　用于产品包装的容器如塑料箱、纸箱等应按产品的大小规格设计，同一规格应大小一致，整洁、干燥、牢固、透气、无污染、无异味，内壁无尖突物，无虫蛀、腐烂、霉变等，纸箱无受潮、离层现象。包装应符合NY/T 658的要求。

8.1.2　按产品的品种、规格分别包装，同一件包装内的产品应摆放整齐紧密。

8.1.3　每批产品所用的包装、单位质量应一致。

8.1.4　逐件称量抽取的样品。每件的净含量应不低于包装外标志的净含量。根据检测的结果，检查与包装外所示的规格是否一致。

### 8.2　运输

运输前应进行预冷。运输过程中注意防冻、防雨淋、防晒、通风散热。

### 8.3　贮存

8.3.1　贮存时应按品种、规格分别贮存。

8.3.2　贮存的适宜温度为：菠菜0～2℃，莴苣0～1℃，芹菜－2～2℃，茼蒿和蕹菜0～2℃。贮存的适宜湿度为90%～95%。

8.3.3 库内堆码应保证气流均匀流通

# 蔬菜上有机磷和氨基甲酸酯类农药残毒快速检测方法

## 1 范围

本方法规定了蔬菜中有机磷和氨基甲酸酯类农药残留量的快速检测方法。

本方法适用于叶菜、菜花和部分果菜、菜豆等蔬菜中有机磷和氨基甲酸酯类农药残留量的检测。

## 2 原理

根据有机磷和氨基甲酸酯类农药能抑制乙酰胆碱酯酶的活性原理，如果蔬菜的提取液中不含有机磷或氨基甲酸酯类农药残留或残留量低，酶的活性就不被抑制，实验中加入的底物就能被酶水解，水解产物与加入的显色剂反应产生颜色或水解产物本身有颜色。如果蔬菜的提取液含有农药并残留量较高时，酶的活性被抑制，基质就不被水解，当加入显色剂时就不显色或颜色变化很小。用分光光度计测定吸光值随时间的变化，计算出抑制率，就可以判断蔬菜中含有机磷或氨基甲酸酯类农药残留量的情况。

## 3 试剂

本方法全部使用蒸馏水，试剂为分析纯。

**3.1** 专用酶（胆碱酯酶）：每瓶用10ml缓冲液（3.4）溶解。（酶粉冷冻保存）用时溶解，溶解后分装成3～4个小瓶，暂时不用的酶保存在冰箱的冷冻层内，使用时解冻，解冻后的酶贮存在0～5℃冰箱的冷藏层内，拿出冰箱使用时，装酶的容器内放一些冰块，以保障酶一直在低温状态下，解冻的酶一周内用完。如用后还需重新冷冻，反复解冻不要超过2次，否则会影响酶的活性。

**3.2** 底物（碘化乙酰硫代胆碱）：用10ml缓冲液（3.4）溶解（0～5℃下保存）。

3.3　显色剂（二硫二硝基苯甲酸）：用 10ml 缓冲液（3.4）溶解（0～5℃下保存）。

3.4　缓冲液（磷酸氢二钠＋磷酸二氢钾，pH＝8）：用 1 000ml 蒸馏水溶解（室温保存）。

## 4　仪器与设备

4.1　分光光度计：RP-410 型农药残毒快速检测仪。

4.2　电子天平：感量 0.1g。

4.3　恒温箱。

4.4　微型样本振荡器。

4.5　移液枪。

4.6　比色皿。

4.7　玻璃器皿。

注：上述仪器设备的使用请参阅相应的使用说明书。

## 5　检测

5.1　样品制备

将蔬菜取可食部分。

5.2　提取步骤

用 RP-410 型农药残毒快速检测仪。取小白菜、小油菜、大白菜、甘蓝、菠菜、白菜花等叶菜类各 2g，番茄、黄瓜、扁豆等非叶菜类各 4g，切碎，分别放入提取瓶中，加入 20ml 提取试剂，震荡 1～2min，倒出上清液。静置 3～5min，放入平底小试管中，加入 50μl 酶，3ml 样本提取液，50μl 显色剂，在 37～38℃下培养 30min。加入 50μl 底物，倒入比色杯内，放入 RP-410 型农药残毒快速检测仪中进行分别测定。

## 6　结果计算

$$X=\frac{AC-AS}{AC}$$

式中：$X$——抑制率,%；

$AC$——空白 3min 后与 3min 前吸光值之差；

$AS$——样品 3min 后与 3min 前吸光值之差。

# 蔬菜和水果中有机磷、有机氯、拟除虫菊酯和氨基甲酸酯类农药多残留检测方法

## 1 范围

本部分规定了蔬菜和水果中敌敌畏、甲拌磷、乐果、对氧磷、对硫磷、甲基对硫磷、杀螟硫磷、异柳磷、乙硫磷、喹硫磷、伏杀硫磷、敌百虫、氧化乐果、磷胺、甲基嘧啶磷、马拉硫磷、辛硫磷、亚胺硫磷、甲胺磷、二嗪磷、甲基毒死蜱、毒死蜱、倍硫磷、杀扑磷、乙酰甲胺磷、胺丙畏等26种有机磷类农药多残留气相色谱检测方法。

本部分适用于蔬菜和水果中上述26种农药残留量的检测。

## 2 原理

样品中有机磷类农药经乙腈提取，提取溶液经净化、浓缩后，用双塔自动进样器同时注入气相色谱的两个进样口，样品中组分经不同极性的两根毛细管柱分离，火焰光度检测器（FPD）检测。外标法定性、定量。

## 3 试剂与材料

方法所用试剂，凡未指明规格者，均为分析纯；水为蒸馏水。

**3.1** 乙腈。

**3.2** 丙酮：重蒸。

**3.3** 氯化钠：140℃烘烤4h。

**3.4** 滤膜：0.2μm。

**3.5** 铝箔。

**3.6** 农药标准品：见表1。

**表1 26种有机磷农药标准品**

| 序 号 | 中文名 | 英文名 | 纯 度 | 溶 剂 | 组 别 |
|---|---|---|---|---|---|
| 1 | 敌敌畏 | dichiorvos | ≥96% | 丙酮 | Ⅰ |
| 2 | 敌百虫 | trichlorfon | ≥96% | 丙酮 | Ⅱ |
| 3 | 甲胺磷 | methamidaphos | ≥96% | 丙酮 | Ⅲ |

（续）

| 序 号 | 中文名 | 英文名 | 纯 度 | 溶 剂 | 组 别 |
|---|---|---|---|---|---|
| 4 | 乙酰甲胺磷 | acephate | ≥96% | 丙酮 | Ⅳ |
| 5 | 甲拌磷 | phorate | ≥96% | 丙酮 | Ⅰ |
| 6 | 氧化乐果 | omethoate | ≥96% | 丙酮 | Ⅱ |
| 7 | 胺丙畏 | propetamphos | ≥96% | 丙酮 | Ⅳ |
| 8 | 二嗪磷 | diazinon | ≥96% | 丙酮 | Ⅲ |
| 9 | 乐果 | dimethoate | ≥96% | 丙酮 | Ⅰ |
| 10 | 磷胺 | phosphamidon | ≥96% | 丙酮 | Ⅱ |
| 11 | 甲基毒死蜱 | chlorpyrifos-methyl | ≥96% | 丙酮 | Ⅲ |
| 12 | 对氧磷 | paraoxon | ≥96% | 丙酮 | Ⅰ |
| 13 | 甲基对硫磷 | parathion-methyl | ≥96% | 丙酮 | Ⅳ |
| 14 | 甲基嘧啶磷 | pirimiphos-methyl | ≥96% | 丙酮 | Ⅱ |
| 15 | 毒死蜱 | chlorpyrifos | ≥96% | 丙酮 | Ⅲ |
| 16 | 马拉硫磷 | malathion | ≥96% | 丙酮 | Ⅱ |
| 17 | 对硫磷 | parathion | ≥96% | 丙酮 | Ⅰ |
| 18 | 杀螟硫磷 | fenitrothion | ≥96% | 丙酮 | Ⅳ |
| 19 | 倍硫磷 | fenthion | ≥96% | 丙酮 | Ⅲ |
| 20 | 异柳磷 | isofenphos | ≥96% | 丙酮 | Ⅳ |
| 21 | 喹硫磷 | quinalphos | ≥96% | 丙酮 | Ⅰ |
| 22 | 辛硫磷 | phoxim | ≥96% | 丙酮 | Ⅱ |
| 23 | 杀扑磷 | methidathion | ≥96% | 丙酮 | Ⅲ |
| 24 | 乙硫磷 | ethion | ≥96% | 丙酮 | Ⅳ |
| 25 | 伏杀硫磷 | phosalone | ≥96% | 丙酮 | Ⅰ |
| 26 | 亚胺硫磷 | phosmet | ≥96% | 丙酮 | Ⅱ |

**3.7 农药标准溶液配制**

单一农药标准溶液：准确称取一定量某农药标准品，用丙酮稀释，逐一配制成26种农药1 000mg/L的单一农药标准储备液，贮存在－18℃以下冰箱中。使用时根据各农药在对应检测器上的响应值，吸取适量的标准储备液，用丙酮稀释配制成所需的标准工作液。

农药混合标准溶液：将 26 种农药分为 4 组，按照表 1 中组别，根据各农药在仪器上的响应值，逐一吸取一定体积的同组别的单个农药储备液分别注入同一容量瓶中，用丙酮稀释至刻度，采用同样方法配制成 4 组农药混合标准储备溶液。使用前用丙酮稀释成所需浓度的标准工作液。

## 4 仪器设备

**4.1** 分析实验室常用仪器设备。

**4.2** 旋涡混合器。

**4.3** 匀浆机。

**4.4** 氮吹仪。

**4.5** 气相色谱仪，带有双火焰光度检测器（FPD），双塔自动进样器，双毛细管进样口。

## 5 分析步骤

### 5.1 试验材料制备

取不少于 1 000g 蔬菜水果样品，取可食部分，用干净纱布轻轻擦去样品表面的附着物，采用对角线分割法，取对角部分，将其切碎，充分混匀放入食品加工器粉碎，制成待测样，放入分装容器中备用。

### 5.2 提取

准确称取 25.0g 试料放入匀浆机中，加入 50.0mL 乙腈，在匀浆机中高速匀浆 2min 后用滤纸过滤，滤液收集到装有 5～7g 氯化钠的 100mL 具塞量筒中，收集滤液 40～50mL，盖上塞子，剧烈震荡 1min，在室温下静止 10min，使乙腈相和水相分层。

### 5.3 净化

从 100mL 具塞量筒中吸取 10.00mL 乙腈溶液，放入 150mL 烧杯中，将烧杯放在 80℃水浴锅上加热，杯内缓缓通入氮气或空气流，蒸发近干，加入 2.0mL 丙酮，盖上铝箔待测。

将上述烧杯中用丙酮溶解的样品，完全转移至 15mL 刻度离心管中，再用约 3mL 丙酮分 3 次冲洗烧杯，并转移至离心管，最后准确定容至 5.0mL，在旋涡混合器上混匀，供色谱测定。如样品过于混浊，应用

0.2μm 滤膜过滤后再进行测定。

**5.4 测定**

5.4.1 色谱参考条件

5.4.1.1 色谱柱

预柱，1.0m，0.53mm 内径，脱活石英毛细管柱。

采用两根色谱柱，分别为：

A 柱：50% 聚苯基甲基硅氧烷（DB-17 或 HP-50）柱，30m×0.53mm×1.0μm；

B 柱：100% 聚甲基硅氧烷（DB-1 或 HP-1）柱，30m×0.53mm×1.50μm。

5.4.1.2 温度

进样口温度，220℃。

检测器温度，250℃；

柱温，150℃（保持 2min）8℃/min250℃（保持 12min）。

5.4.1.3 气体及流量

载气：氮气，纯度≥99.999%，流速为 10mL/min。

燃气：氢气，纯度≥99.999%，流速为 75mL/min。

助燃气：空气，流速为 100mL/min。

5.4.1.4 进样方式

不分流进样。样品一式两份，由双塔自动进样器同时进样。

5.4.2 色谱分析

由自动进样器吸取 1.0μL 标准混合溶液（或净化后的样品）注入色谱仪中，以双柱保留时间定性，以分析柱 B 获得的样品溶液峰面积与标准溶液峰面积比较定量。

**6 结果表述**

**6.1 定性**

双柱测得的样品中未知组分的保留时间（RT）分别与标样在同一色谱柱上的保留时间（RT）相比较，如果样品中某组分的两组保留时间与标准中某一农药的两组保留时间相差都在±0.05min 内的可认定为该农药。

**6.2 计算**

样品中被测农药残留量以质量分数 $\omega$ 计，数值以毫克每千克（mg/kg）表

示，按公式（1）计算。

$$\omega=\frac{V_1\times A\times V_3}{V_2\times As\times m}\times\psi \cdots\cdots\cdots\cdots (1)$$

式中：$\psi$——标准溶液中农药的含量，单位为毫克/升（mg/L）；

$A$——样品中被测农药的峰面积；

$As$——农药标准溶液中被测农药的峰面积；

$V_1$——提取溶剂总体积；

$V_2$——吸取出用于检测的提取溶液的体积；

$V_3$——样品定容体积；

$m$——样品的质量。

计算结果保留三位有效数。

**6.3 精密度**

将26种有机磷农药混合标准溶液在0.05～0.30mg/L 、0.10～0.60mg/L和0.50～3.00mg/L三个水平添加到蔬菜和水果样品中进行方法的精密度试验，方法的添加回收率在70%～120%之间，变异系数小于20%。

**6.4 检出限**

方法的检出限在0.001 0～0.250 0mg/kg。

# 常用亚硝酸盐检测方法

## 1 范围

本细则规定了蔬菜硝酸盐含量的测定方法。

本细则适用于蔬菜硝酸盐含量的测定。

## 2 引用标准

GE/T 15401—1994 水果、蔬菜及其制品亚硝酸盐含量和硝酸盐含量的测定。

## 3 原理

样品用pH=9.6的氨缓冲液提取硝酸根离子（$NO_3^-$），同时加活性炭

去除色素类，然后用硫酸锌和亚铁氰化钾沉演蛋白及其他干扰物质，过滤，得到无色透明的提取液。利用硝酸根离子在紫外区具有特定的吸收波长，在 219nm 处测定吸光度，既可从工作曲线上查到相应的浓度，计算样品中硝酸盐含量。

## 4 试剂

所用试剂除注明外，均为分析纯。水为蒸馏水，不含硝酸盐。

（1）氨缓冲液：称取 37.4g 氯化铵（$NH_4Cl$）溶于 900ml 水中，用氨水调至 pH=9.6，再用水稀释至 1 000ml；

（2）硫酸锌溶液（ρ=30%）：称取 300g 硫酸锌（$ZnSO_4 \cdot 7H_2O$）溶液水中，用水定容至 1 000ml；

（3）亚铁氰化钾溶液（ρ = 15%）：称取 150g 亚铁氰化钾[$K_4Fe(CN)_6 \cdot 3H_2O$]溶于水中，定容至 1 000ml；

（4）活性炭（AR）：粉末状；

（5）消泡剂：正辛醇（AR）；

（6）硝酸盐标准溶液：准确称取 110℃烘至恒重的硝酸钾（$KNO_3$）1.63g，用水溶解，定容至 1 000ml，再稀释 10 倍，此溶液含硝酸盐根离子（$NO_3^-$）100mg/L。

## 5 仪器

（1）紫外分光光度计：TU-1800、UV-1600；

（2）电子分析天平：JY3002；

（3）高速组织捣碎机；

（4）调速多用振荡机：HY-4；

（5）容量瓶：250ml、50ml；

（6）量筒：50ml；

（7）石英比色池：1cm。

## 6 操作步骤

（1）样品制备

新鲜样品洗净，用干毛巾沾去表面水分，四分法取可食部分，切碎后按比例加水（水分大的样品如番茄、黄瓜等不用加水，水分少的样品如韭菜、菜豆等加与样品等量的水，制成1∶1的匀浆）用高速组织捣碎机捣成匀，加入2滴消泡剂，捣匀。

（2）试样中硝酸盐的提取

依样品中硝酸盐含量的多少称取匀浆2～20g，至0.01g，加入100ml烧杯中，加2g活性炭，用约90ml水洗入250ml容量瓶中，再加入5ml氨缓冲液，放到振荡机上振荡20分钟后再加入2ml亚铁氰化钾溶液，摇匀，加水定容。摇匀静置5～10分钟后用定量滤纸过滤，得无色清亮提取液。同时做空白试验。

（3）测定

工作曲线的绘制：吸取硝酸盐标准溶液0，0.4，0.8，1.2，1.6ml。分别加入5个50ml容量瓶中，用水定容刻度，摇匀，此标准溶液浓度分别0，0.8，1.6，2.4，3.2mg/L，在紫外分光光度计上，用1cm石英比色皿于219nm处测定，具体操作见紫外分光光度计操作规程（硝酸盐）。

样品的测定：吸取2～10ml提取液于50ml容量瓶中，用水定容。用1cm比色皿于219nm处测定其硝酸盐的浓度，具体操作见紫外分光光度计操作规程（硝酸盐）。

### 7 结果计算

$$W=\frac{\rho \cdot V_1 \cdot V_3}{m \cdot V_2}$$

式中：$W$——样品中硝酸盐含量，mg/L；

$m$——试样质量，g；

$V_1$——定容体积，ml；

$V_2$——硝酸盐分取体积，ml；

$V_3$——硝酸盐分取定容体积，ml；

$\rho$——工作曲线上查得的硝酸根离子（$NO_3^-$）质量浓度，mg/L。

## 无公害食品　芹菜生产技术规程

**（NY/T 5092—2002）**

### 1 范围

本标准规定了无公害食品芹菜生产的产地环境要求、生产技术管理措施。

本标准适用于无公害食品芹菜的生产。

## 2　规范性引用文件（简略）

GB 4285　农药安全使用标准

GB/T 8321（所有部分）　农药合理使用准则

NY/T 496　肥料合理使用准则　通则

NY 5010　无公害食品　蔬菜产地环境条件

GB 16715.5—1999　瓜类作物种子　叶菜类

## 3　产地环境

应符合 NY 5010 的规定。

## 4　生产管理措施

### 4.1　栽培季节

春季栽培：冬季育苗定植，夏季上市。

夏秋栽培：夏季育苗定植，秋季上市。

秋冬栽培：夏末秋初播种，冬季上市。

### 4.2　种子选择及处理

4.2.1　品种选择

选择叶柄长、实心、纤维少，丰产，抗逆性好，抗病虫害能力强的品种。

4.2.2　种子质量

种子质量符合 GB 16715.5—1999 芹菜良种质量指标，即纯度≥92%，净度≥95%，发芽率≥65%，水分≤8%。

4.2.3　种子处理

4.2.3.1　消毒

用 48℃恒温水，在不断搅拌的情况下浸种 30min，然后取出放在凉水中浸种。

4.2.3.2　浸种

在凉水中浸种 24h。浸种过程中需搓洗几遍，以利吸水。

4.2.3.3　催芽

将浸泡过的种子捞出，用清水搓洗干净，捞出沥净水分，用透气性良好的纱布包好，再用湿毛巾覆盖，放在15～20℃条件下催芽。当有30%～50%的种子露白时即可播种。

**4.3　育苗**

4.3.1　苗床准备

选择排灌方便，土壤疏松肥沃，保肥保水性能好，2～3年未种植伞形花科作物的田块作苗床。每平方米施入腐熟有机肥25kg、氮磷钾复混肥（15-15-15）100g，加多菌灵50g，翻耕细耙，作成畦宽1～1.2m，沟宽0.3～0.4m，沟深0.15～0.2m的高畦。

4.3.2　播种量及播种方式

每667m$^2$栽培田，本芹夏秋育苗需要种子150～180g，冬春育苗需要100～120g；西芹需要种子20～25g。先浇透底水，待水渗下后撒一薄层土，再播撒种子，覆盖细土0.5～0.6cm。然后再盖薄层麦秸或稻草保湿，夏季还有降温、防暴雨作用。但要注意拱土后立即揭除地面覆盖物。

4.3.3　苗期管理

4.3.3.1　温度管理

冬春育苗，加盖地膜和大棚保温，出苗后揭除地膜。随着气温的升高，逐渐增大通风。夏秋育苗网膜双覆盖（遮阳网塑料薄膜覆盖），搭成四面通风防雨降温的小拱棚。

4.3.3.2　肥水管理

在整个育苗期，都要注意浇水，经常保持土壤湿润。浇水要小水勤浇。夏秋育苗早晚进行，冬春育苗在晴天上午进行。齐苗后浇施一次0.2%尿素，以后每10～15d一次，促进幼苗生长。

4.3.3.3　除草间苗

播后苗前，可选用除草通（或其他除草剂）150～200mL，对水70～100kg均匀喷洒地表，以防止苗期草害。

当幼苗长有两片真叶的进行间苗，苗距1cm，以后再进行一次1～2次间苗，使苗距达到2cm左右，间苗后要及时浇水。

**4.4　整地施基肥**

前茬作物收获后，及时翻耕，中等肥力土壤每667m$^2$施入腐熟农家肥3 000～5 000kg、三元复混肥（15-15-15）40～50kg。深翻20cm，使土壤和肥料充分混匀，整细耙平，按当地种植习惯作畦。

**4.5　定植**

4.5.1　定植密度

每 667m² 本芹夏秋栽培 25 000～35 000 株，秋冬栽培、春夏栽培 35 000～45 000 株，西芹 9 000～10 000 株。

4.5.2　定植方法

移栽前 3～4d 停止浇水，用爪铲带土取苗，单株定植。定植深度应与幼苗在苗床上的入土深度相同，露出心叶。

**4.6　定植后的田间管理**

4.6.1　遮阳防雨

夏秋栽培定植后立即盖遮阳网遮阳降温。遮阳网应晴天盖，阴天揭；晴天早上盖，傍晚揭。下雨时需在遮阳网上加盖薄膜挡雨，防止雨水进入大棚引起病害发生。

4.6.2　肥水管理

定植后及时浇水，3～5d 后浇缓苗水。定值后 10～15d，每 667m²，追尿素 5kg，以后 20～25d，追肥一次，每 667m² 一次追尿素和硫酸钾各 10kg。采收前 10d 停止追肥、浇水，以降低硝酸盐含量，并有利于贮藏。追肥应在行间进行。在夏季应在早晚进行，午间浇水会造成畦面温差，导致死苗。深秋和冬季应控制浇水，浇水应在晴天 10～11 时进行，并注意加强通风降湿，防治湿度过大发生病害。

4.6.3　中耕除草

芹菜前期生长较慢，常有杂草危害，因此应及时中耕除草。一般在每次追肥前结合除草进行中耕。由于芹菜根系较浅（特别是分过苗的），中耕宜浅，只要达到除草、松土的目的即可，不能太深，以免伤及根系，反而影响芹菜生长。

4.6.4　保温管理

秋季当气温低于 12℃要及时扣棚，春季定植前 10d 扣棚暖地。一般在气温达到 20℃时就开始放风，维持在 15～20℃，夜间不低于 10℃。进入 12 月份气温较低，夜间大棚内最好加盖小棚保温，防止冻害，利于继续生长。

**4.7　病虫害防治**

4.7.1　病虫害防治原则

贯彻“预防为主，综合防治”的植保方针，通过选用抗性品种，培育壮苗，加强栽培管理，科学施肥，改善和优化菜田生态系统，创造一个有利于芹菜生长发育环境条件；优先采用农业防治、物理防治、生物防治，配合科学合理地使用化学防治，将芹菜有害生物的危害控制在允许的经济阈值以下，达到生产安全、优质的无公害芹菜的目的。

4.7.2 物理防治

4.7.2.1 防虫网隔离

设施栽培的条件下，在放风口设置防虫网隔离，减轻虫害发生。

4.7.2.2 设置黄板诱杀蚜虫

用30cm×20cm的黄板，按照每667m$^2$挂30～40块的密度，悬挂高度与植株顶部持平或高出5～10cm。

4.7.3 药剂防治

4.7.3.1 严格执行国家有关规定，不应使用下列高毒、高残留农药：

甲胺磷、甲基对硫磷、对硫磷、久效磷、磷胺、甲拌磷、甲基异柳磷、特丁硫磷、甲基硫环磷、治螟磷、内吸磷、克百威、涕灭威、灭线磷、硫环磷、蝇毒磷、地虫硫磷、氯唑磷、苯线磷、六六六、滴滴涕、毒杀芬、二溴氯丙烷、杀虫脒、二溴乙烷、除草醚、艾氏剂、狄氏剂、汞制剂、砷、铅类、敌枯双、氟乙酰胺、甘氟、毒鼠强、氟乙酸钠、毒鼠强。

4.7.3.2 使用药剂防治时，要严格执行GB 4285和GB/T 8321（所有部分）。

# 无公害食品　菠菜生产技术规程
## （NY/T 5089—2002）

## 1 范围

本标准规定了无公害食品菠菜生产的产地环境要求和生产管理措施。

本标准适用于无公害食品菠菜生产。

## 2 规范性引用文件（简略）

GB 4285　农药安全使用标准

GB/T 8321（所有部分）　农药合理使用准则

GB 16715.5—1999　瓜菜作物种子　叶菜类

NY 5010　无公害食品　蔬菜产地环境条件

## 3　产地环境

应符合 NY 5010 的规定。

## 4　生产管理措施

### 4.1　栽培季节

春季栽培：冬末春初播种，春季上市的茬口。

夏季栽培：春末播种，夏季上市的茬口。

秋季栽培：夏季播种，秋季上市的茬口。

越冬栽培：秋季播种，冬春上市的茬口。

### 4.2　整地施肥

基肥的施入量：磷肥全部，钾肥全部或三分之二做基肥，氮肥三分之一做基肥。每 667m² 施有机肥 3～5 000kg，应根据生育期长短和土壤肥力状况调整施肥量。基肥以撒施为主，深翻 25～30cm。越冬菠菜宜选择保水保肥力强的土壤，并施足有机肥，保证菠菜安全越冬。城市垃圾等不可作为有机肥，有机肥宜采用农家肥，应经过无害化处理。

一般北方作平畦，南方采用深沟高畦。

### 4.3　播种

#### 4.3.1　品种选择

春季和越冬栽培应选择耐寒性强、冬性强、抗病、优质、丰产的品种；夏季栽培和秋季应选用耐热、抗病、优质、丰产的品种。

#### 4.3.2　种子质量

种子质量应符合 GB 16715.5—1999 良种指标，即种子纯度≥92%，净度≥97%，发芽率≥70%，水分≤10%。

#### 4.3.3　种子处理

为提高发芽率，播种前一天用凉水泡种子 12h 左右。搓去黏液，捞出沥干，然后直播，或在 15～20℃的条件下进行催芽，3～4d 大部分露出胚根后即可播种。

#### 4.3.4　播种方法及播种量

菠菜栽培大多采用直播法。播种方法以撒播为主，也有条播和穴播。在冬季不太寒冷，越冬死苗率不高的地区，多用撒播。冬季严寒，越冬死苗率高的地区，多采用条播，以利于覆土。条播行距10～15cm，开沟深度5～6cm。一般每667$m^2$春季栽培播种3～4kg，高温期播种及越冬栽培播种4～5kg。多次采收和冬季严寒地区越冬栽培需适当增加播种量，可加大到10～15kg。播前先浇水，播后保持土壤湿润。

4.3.5　播种期

越冬菠菜当秋季月平均气温下降到17～19℃时为播种适期。

**4.4　田间管理**

4.4.1　不需越冬菠菜（春季、夏季、秋季栽培）的田间管理

4.4.1.1　春季和夏季栽培：前期温度较低适当控水，后期气温升高加大浇水量，保持土壤湿润。3片～4片真叶时，间苗采收一次。结合浇水每667$m^2$用尿素7～10kg进行追肥。

4.4.1.2　秋季栽培：气温较高，播种后覆盖稻草或麦秸降温保湿。拱土后及时揭开覆盖物，加强浇水管理。浇水应轻浇、勤浇，保持土壤湿润和降低土壤温度；二片真叶时，适当间苗；4片～5片真叶时，追肥2次～4次，每667$m^2$用尿素10～15kg。

4.4.2　越冬菠菜的田间管理

4.4.2.1　越冬前管理

越冬菠菜出苗后在不影响正常生长的前提下，适当控制浇水使根系向纵深发展。2片～3片真叶后，生长速度加快，每667$m^2$要随浇水施用速效性氮肥5～7kg（纯氮），然后浅中耕、除草。

4.4.2.2　越冬期间管理

土壤封冻前应建好风障。一般在土壤昼消夜冻时浇足冻水，黏土地应及时中耕；严寒地区，可在浇水后早晨解冻时再覆一层干土或土粪，以防龟裂并保墒。

4.4.2.3　返青期管理

在耕作层已解冻，表土已干燥，菠菜心叶开始生长时，选择晴天开始浇返青水。返青水后要有稳定的晴天。返青水宜小不宜大（盐碱地除外）。越冬菠菜从返青到收获期间应保证充足的水肥供应，并结合浇水，根据收获情况进行追肥。追肥量为每667$m^2$施用纯氮4～5kg。早春菜地如积雪太多，应尽快清除积雪。

**4.5　病虫害防治**

4.5.1　物理防治

4.5.1.1　设置黄板诱杀蚜虫和潜叶蝇

在设施栽培的条件下，用 30cm×20cm 的黄板，按照每 667$m^2$ 挂 30 块～40 块的密度，悬挂高于植株顶部 10～15cm 的地方。

4.5.1.2　田间铺挂银灰膜驱避蚜虫

4.5.2　药剂防治

4.5.2.1　严格执行国家有关规定，不使用剧毒、高毒、高残留农药。在无公害食品菠菜生产中禁止使用的农药品种有：甲胺磷、甲基对硫磷、对硫磷、久效磷、磷胺、甲拌磷、甲基异柳磷、特丁硫磷、甲基硫环磷、治螟磷、内吸磷、克百威、涕灭威、灭线磷、硫环磷、蝇毒硫、地虫硫磷、氯唑磷、苯线磷、六六六、滴滴涕、毒杀芬、二溴氯丙烷、杀虫脒、二溴乙烷、除草醚、艾氏剂、狄氏剂、汞制剂、砷、铅类、敌枯双、氟乙酰胺、甘氟、毒鼠强、氟乙酸钠。

4.5.2.2　使用药剂防治时，应执行 GB 4285 和 GB/T 8321（所有部分）。

**4.6　采收**

采收期随各地区和栽培地块的小区气候条件而不同，一般苗高 15～20cm 时，开始采收，见有少数花时，要全面采收。

# 无公害食品　茼蒿生产技术规程

## (NY/T 5217—2004)

## 1　范围

本标准规定了无公害食品茼蒿生产的产地环境要求、生产技术、病虫害防治、采收和生产档案。

本标准适用于无公害食品茼蒿的生产。

## 2　规范性引用文件（简略）

GB 4285　农药安全使用标准

GB/T 8321（所有部分）　农药合理使用准则

NY/T 496　肥料合理使用准则

NY 5010　无公害食品　蔬菜产地环境条件

## 3　产地环境

产地环境应符合 NY 5010 规定的要求。

## 4 生产技术

### 4.1 整地、施基肥

宜选上年为非茼蒿种植的地块。底肥采用有机肥与无机肥相结合，施肥与整地相结合，中等肥力土壤每667m$^2$应施腐熟的厩肥2 000～3 000kg，高肥力土壤每667m$^2$应施腐熟的厩肥1 000～2 000kg，并配合施用适量蔬菜专用复合肥（符合NY/T 496规定）。混匀土壤和肥料，整平后作1.0～1.5m宽畦，耙平畦面。

### 4.2 品种选择

选用抗病力强、抗逆性强、品质好、商品性好、适应栽培季节的品种。种子质量应符合以下标准：种子纯度≥95%，净度≥98%，发芽率≥95%，水分≤8%。

### 4.3 播种

4.3.1 播期和播种量

根据当地气候条件和品种特性，日均气温稳定在15℃以上，可采用露地或保护地栽培。每667m$^2$栽培面积用种1.5～2.5kg。

4.3.2 种子处理

播种前3～5d，用50%的多菌灵可湿性粉剂500倍液浸种0.5h，或用福尔马林300倍液浸种1h，将已消毒的种子洗净后，用30℃左右的温水浸泡24h，取出后用容器装好保湿，放在15～20℃条件下3～5d，每天用清水冲洗一次，当20%种子萌芽露白时，即可播种。

4.3.3 播种方法

4.3.3.1 撒播：浇足底水，将种子均匀撒播于畦面，覆盖准备好的细土1cm左右厚。

4.3.3.2 条播：将出芽的种子播于准备好的畦面浅沟中，行距10～15cm，沟深2～3cm，覆盖1cm左右厚准备好的细土，浇足水。

### 4.4 田间管理

4.4.1 温度管理

保护地气温宜控制在：白天15～25℃，夜间10℃以上。

4.4.2 水肥管理

苗高3cm左右开始浇水，只浇小水或喷水；苗高10cm左右开始追肥，以腐熟有机肥与速效氮肥相结合；每次采收后，每667m$^2$施尿素15～20kg。

4.4.3　间苗

当苗长有1片～2片真叶时进行间苗，根据品种确定苗间距3～5cm。采收时，疏去适量弱苗和弱枝。

4.4.4　清洁田园

间苗和采收时结合除草，除去病虫叶或植株，并进行无害化处理。

## 5　病虫害防治

### 5.1　茼蒿主要病虫害

主要病害有猝倒病、叶枯病、霜霉病、病毒病，主要虫害有蚜虫、菜青虫、小菜蛾、潜叶蝇。

### 5.2　防治方法

5.2.1　农业防治

通过轮作，施用腐熟的有机肥，减少病虫源。选用抗病品种，科学施肥，加强管理，培育壮苗，增强抵抗力。

5.2.2　物理防治

设置10cm×20cm黄色粘胶或黄板涂机油，按照每667$m^2$ 30块～40块密度，挂在行间，高出植株顶部，诱杀蚜虫。利用黑光频振式杀虫灯诱杀蛾类、直翅目害虫的成虫；利用糖醋酒液引诱蛾类成虫，集中杀灭。

利用银灰膜驱避蚜虫，或防虫网隔离。

5.2.3　生物防治

蛾类卵孵化盛期选用苏云金杆菌（Bt）可湿性粉剂等进行防治。成虫期可施用性引诱剂防治害虫。

5.2.4　药剂防治

5.2.4.1　药剂使用原则：使用药剂时，首选低毒、低残留广谱、高效农药，注意交替使用农药。要严格执行GB 4285和GB/T 8321（所有部分）。

5.2.4.2　禁止使用农药：严格执行国家有关规定，不使用高毒、剧毒、高残留农药。在无公害食品茼蒿生产中禁止使用的农药品种有：甲胺磷、甲基对硫磷、对硫磷、久效磷、磷胺、甲拌磷、甲基异柳磷、特丁硫磷、甲基硫环磷、治螟磷、内吸磷、克百威、涕灭威、灭线磷、硫环磷、蝇毒磷、地虫硫磷、氯唑磷和苯线磷。

5.2.4.3　主要防治措施：参见附录A。

## 6　采收

当植株长到15～20cm时，施用的农药达到安全间隔期，适时采收。

## 7　生产档案

**7.1**　建立田间生产档案。

**7.2**　对生产技术、病虫害防治和采收等各生产环节所采取的措施进行详细记录。

## 附　录　A

（资料性附录）

**茼蒿病虫害防治常用化学药剂和使用方法**

| 主要病虫害 | 药剂名称 | 剂　型 | 使用方法 | 最多施药次数 | 安全间隔期（d） |
|---|---|---|---|---|---|
| 猝倒病 | 百菌清 | 75%可湿性粉剂 | 500倍液喷雾 | 3 | 7 |
| 叶枯病 | 甲霜灵 | 65%可湿性粉剂 | 1 000～1 500倍液喷雾 | | |
| 霜霉病 | 速克灵 | 50%可湿性粉剂 | 2 000倍液喷雾 | | |
| 病毒病 | 病毒A | | 500～1 000倍液喷雾 | 3 | 7 |
| | 病毒宁 | | | | |
| 蚜虫 | 抗蚜威 | 50%可湿性粉剂 | 2 000～3 000倍液喷雾 | 3 | 7 |
| 潜叶蝇 | 乐果 | 40%乳油 | 2 000倍液喷雾 | | |
| 小菜蛾 | 氯氰菊酯 | 25%乳油 | 2 000倍液喷雾 | | |
| 菜青虫 | 毒死蜱 | 48%乳油 | 每667$m^2$用50ml～75ml | | |
| | 敌敌畏 | 80%乳油 | 每667$m^2$用100ml～200ml | | |
| | 抑太保 | 5% | 1 500倍液喷雾 | | |
| | 卡死克 | 5%乳油 | 300倍液喷雾 | | |
| | 印楝素 | 2%乳油 | 1 000～2 000倍液喷雾 | | |

# 无公害食品　蕹菜生产技术规程
## （NY/T 5094—2002）

## 1　范围

本标准规定了无公害食品蕹菜的产地环境要求和生产技术措施。

本标准适用于无公害食品蕹菜的生产。

## 2　规范性引用文件（简略）

GB 4285　农药安全使用标准

GB/T 8321（所有部分）　农药合理使用准则

NY 5010　无公害食品　蔬菜产地环境条件

中华人民共和国农业部公告　第199号　2002年5月24日

## 3　产地环境

产地环境质量应符合NY 5010规定。

## 4　生产管理措施

### 4.1　栽培方式

4.1.1　露地栽培

4.1.1.1　旱地栽培

宜选择湿润而肥沃的土壤，选择6～8节的种苗，按15～19cm×22cm的株行距定植。

4.1.1.2　水田栽培

选择向阳、肥沃、水源方便的田块，定植前施足底肥，深耕细耙，按17～20cm×25cm的株行距定植。

4.1.2　设施栽培

设施有塑料棚、日光温室和温床等。

### 4.2　栽培季节

根据当地气候条件和品种特性，日均气温稳定在15℃以上，即可播种。如果采用设施栽培，播种期可适当提前。

**4.3　品种选择**

选用抗病、生长期长、品质好、商品性好的品种。

**4.4　播种**

将出芽的种藤条播于准备好的床畦，行距 2～6cm，覆盖 1～2cm 厚准备好的床土，浇足水。

**4.5　田间管理**

4.5.1　整地施肥

选择土地平整、排灌方便的轮作田块耙平，开厢、作畦。根据土壤肥力情况，按照平衡施肥要求施肥，适当的氮、磷、钾肥比例作基肥，辅以尿素作为追肥，适时施用。

4.5.2　定植管理

根据气温、地形状况选择露地、塑料棚、日光温室或温室栽培等。栽培密度为 667$m^2$ 13 000～16 000 株。田间保持不脱水，种苗活棵后，用 0.3%的尿素，每 10d 追肥一次。每次采收后应追肥一次。

**4.6　病虫害防治**

4.6.1　蕹菜主要病害有猝倒病、灰霉病、白锈病、褐斑病等；主要虫害有菜青虫、小菜蛾、夜蛾科虫、蚜虫等。

4.6.2　防治方法

4.6.2.1　农业防治

通过轮作，施用腐熟的有机肥，减少病虫源。科学施肥，控制氮肥使用，加强管理，培育壮苗，增强抵抗力。

4.6.2.2　物理防治

4.6.2.2.1　诱杀：在设施栽培条件下，设置 30cm×20cm 黄色粘胶或黄板涂机油，按照 667 $m^2$ 30～40 块的密度，挂在行间，高出植株顶部，诱杀蚜虫。利用频振式杀虫灯诱杀蛾类、直翅目害虫的成虫、利用糖醋液引诱蛾类成虫，集中杀灭。

4.6.2.2.2　利用银灰膜驱避蚜虫，或防虫网隔离。

4.6.2.3　生物防治

蝶蛾类卵孵化盛期选用苏云金杆菌（Bt）可湿性粉剂、印楝素或川楝素进行防治。成虫期可施用性引诱剂防治害虫。

4.6.2.4　药剂防治

4.6.2.4.1　根据农业部 199 号公告，无公害蕹菜生产不得使用以下农药：

甲胺磷、甲基对硫磷、对硫磷、久效磷、磷胺、甲拌磷、甲基异柳磷、特丁硫磷、甲基硫环磷、治螟磷、内吸磷、克百威、涕灭威、灭线磷、硫环磷、蝇灭磷、地虫硫磷、氯唑磷、苯线磷 19 种农药。

4.6.2.4.2 使用药剂时，执行 GB 4285 和 GB/T 8321（所有部分）。

**4.7 采收**

当蕹菜苗长 30cm 以上时，即可开始分批采收。采收后应立即去掉黄叶、病虫斑叶，分级装箱。

# 无公害农产品 芦蒿生产技术规程
## (DB 3201/T 002—2002)

**1 范围**

本标准规定了无公害农产品 芦蒿生产的产地环境、适宜的自然条件、生产技术管理、有害生物防治技术和采收要求。

本标准适用于南京地区及产地环境相似地区的无公害芦蒿生产。

**2 规范性引用文件**（简略）

GB 4286 农药安全使用标准

GB/T 8321（所有部分） 农药合理使用准则

GB/T 18407.1—2001 无公害蔬菜产地环境要求

DB32/T 343.2—1999 无公害农产品（食品）生产技术规范

DB32/T 535—2002 无公害芦蒿

**3 术语和定义**

下列术语和定义适用于本标准。

**3.1 根状茎**

茎横行蔓于土壤中，外形似根，但有明显的节与节间，节上有退化的鳞片状叶，叶腋有芽，自节外产生不定根，顶端有顶芽，或发育为地上枝。

**3.2 冬春芦蒿**

11 月下旬至翌年 4 月下旬上市的茬口，通过地下根状茎萌发，采摘萌发的嫩茎上市。

**3.3　伏秋芦蒿**

8 月上旬至 10 月中旬上市的茬口，通过适当密植、遮阴降温、高肥水栽培管理，促进地上部分叶腋萌发侧枝，采摘侧枝嫩头上市。

**3.4　大叶青（秆）芦蒿**

叶片呈柳叶型或羽状 3 裂，茎秆青绿色，香味略浓，产量较高。

**3.5　大叶白（秆）芦蒿**

叶片呈柳叶型或羽状 3 裂，茎秆淡绿色、粗而柔嫩，香味淡。

**3.6　红（秆）芦蒿**

茎秆红色或节间红色，香味浓，纤维多，产量低。

## 4　产地环境条件

产地环境条件符合 GB/T 18407.1 的规定。

## 5　适宜自然条件

**5.1　温度**

全年日均气温 12℃～16℃，最高气温≤38℃，最低气温≥－8℃。适宜日均气温 4℃～20℃，其中根状茎萌发温度 4℃～20℃，嫩茎生长最适温度 12℃～18℃。

**5.2　日照**

全年日照时数≥1 900h。

**5.3　雨量**

全年降雨量 850～1 100mm。

**5.4　土壤条件**

冲积沙壤土、壤土，土层深厚，疏松，肥沃。

## 6　生产技术管理

**6.1　塑料棚的规格要求**

塑料棚的规格要求见表 1。

**表1　塑料棚规格尺寸**

单位为米

| 类　型 | 矢　高 | 跨　度 | 长　度 | 拱　杆 | |
|---|---|---|---|---|---|
| | | | | 间　距 | 入土深度 |
| 小　棚 | 0.8～1.0 | 1.5～2.5 | 不限 | 0.5～0.6 | 0.2～0.25 |
| 中　棚 | 1.3～1.5 | 2.5～4.0 | 不限 | 0.5～0.6 | 0.3～0.35 |
| 大　棚 | 1.5～2.5 | 4.0～6.0 | 不限 | 0.5～1.0 | 0.3～0.4 |

**6.2　品种选择**

6.2.1　冬春芦蒿：以大叶青（秆）为主，也可选用大叶白（秆）和红（秆）。

6.2.2　伏秋芦蒿：大叶白（秆）为主，也可选用大叶青（秆）。

**6.3　种株选择**

选择无病、虫，植株顶端5～10cm呈深绿色的健壮植株用作种株。

**6.4　种株用量**

6.4.1　冬春芦蒿

茎秆扦插：每667$m^2$用种株鲜重290～300kg。

6.4.2　伏秋芦蒿

6.4.2.1　茎秆扦插：每667$m^2$用种株鲜重340～350kg。

6.4.2.2　茎秆压条：每667$m^2$用种株鲜重400～450kg。

**6.5　种株处理**

6.5.1　冬春芦蒿：选择粗壮的种株平地割下，截去顶梢柔嫩部分和基部老化部分，取中部半木质化茎秆，截成10～25cm长小段，扎成小把，浸入水中22～24h；或用80%敌敌畏乳油，按每立方米用量1～2ml熏蒸2～3h，然后在阴凉通风处放置7～15d，待须根发出后栽种。

6.5.2　伏秋芦蒿：选择种株中部茎秆，截成10～15cm长小段，扎成小把，处理方法同冬春芦蒿。

**6.6　整地施肥**

6.6.1　栽种前田块需深耕晒垡，施足基肥，耕后细耙，整平做畦，畦床周围开好排水沟，墒沟宽30～35cm，沟深20～25cm。

6.6.2　基肥以优质有机肥和有机复合肥为主，结合整地每667$m^2$施腐熟厩肥3 000～3 500kg；或每667$m^2$施腐熟饼肥200kg，25%有机复合肥

100kg；或每 667m$^2$ 施经炒熟破壳的菜籽 50kg，有机生物菌肥（主要菌株活菌数≥0.5×10$^8$/g）100kg，深翻入土，使肥料与土壤充分翻匀耙碎。

**6.7 定植**

6.7.1 定植时间

6.7.1.1 冬春芦蒿：在 6 月中下旬至 8 月上中旬均可定植，以 7 月底至 8 月上旬为最佳定植期。白钩小卷蛾危害严重的老基地，定植时要避开 6 月中下旬的卵孵高峰，定植期安排在七月上旬以后。

6.7.1.2 伏秋芦蒿：在 6 月中下旬至 7 月下旬定植，梅雨期间定植最佳。

6.7.2 定植方法

6.7.2.1 冬春芦蒿

采用茎秆扦插法栽种，将处理过的种株茎秆，按行株距 30～35cm×30～32cm 挖穴，每穴 2～3 株斜插在畦面上，栽后将周围土踏实，浇透水。

6.7.2.2 伏秋芦蒿

6.7.2.2.1 茎秆扦插：处理过的种株茎秆，按行株距 28～30cm×20～22cm 挖穴，每穴栽种 3～4 株，栽后踏实，浇透水。

6.7.2.2.2 茎秆压条：按行距 10～15cm 开沟，沟深 5～7cm，将种株茎秆横埋入沟中，头尾错开，然后覆土 3～5cm，稍拍实，浇透水。

**6.8 管理**

6.8.1 冬春芦蒿

6.8.1.1 露地生长阶段管理

6.8.1.1.1 水分管理：栽种活棵前，每天清晨七时前浇水，保持畦面湿润，促进植株成活。在高温干旱期间，应灌水抗旱，汛期或大雨后应及时排涝降渍，防止田间积水。

6.8.1.1.2 施肥管理：9 月下旬至 10 月上旬，每 667m$^2$ 追施有机复合肥 50kg 或尿素 10kg，促进根状茎生长，防止后期早衰。

6.8.1.1.3 打顶：8 月上旬至 9 月，在现蕾开花前及时打顶。

6.8.1.2 棚室生产阶段管理

6.8.1.2.1 覆盖时期：一般在 11 月下旬至翌年 3 月上旬进行覆盖栽培，覆盖后 40d 左右芦蒿即可上市，生产者可通过不同时期覆盖调节芦蒿上市期，使产品均衡应市。11 月下旬至翌年 1 月可选择大、中棚覆盖，2 月上旬以后可利用小棚覆盖。

6.8.1.2.2 覆盖前准备：植株被严霜打枯后，割去地上植株，清除残枝枯

叶，操作时注意不能碰断地面嫩芽；每 667m$^2$ 撒施有机复合肥 100～150kg，浅松土。土壤过干要补充水分，覆盖前 7～10d 停止浇水，切忌覆盖前土壤水分过多。

6.8.1.2.3　覆盖方法：一般先贴地盖地膜再盖棚膜，如果土壤湿度过大，可先盖棚膜，在晴天中午掀通风口进行通风降湿后再盖地膜。

6.8.1.2.4　温度管理：棚膜覆盖后，白天保持 15～30℃，超过 32℃，放风降温，夜间保持 4℃以上。

6.8.1.2.5　水肥管理：盖膜后一般不浇水。芦蒿茎苗出齐后，喷施一次叶面肥，促进苗色转绿。当嫩茎长至 10～15cm（即上市前 7～10d），每 667m$^2$ 用含量 75%～80%赤霉素粉剂 5～10g，对水 50kg 进行叶面喷施；或每 667m$^2$ 用赤霉素 8～10g 和 15%有机生化液肥 80～100ml，对水 40～50kg 喷施。

6.8.2　伏秋芦蒿

茎秆扦插的 3～5d 后发出腋芽，茎秆压条栽种的 10～15d 后出芽。嫩芽长出后，晴天上午十时至下午四时在大棚顶部覆盖遮阳网降温，早晚将网揭去。重点抓好水分管理，高温期间每天清晨七时前浇水保湿。10d 和 20d 后各追肥一次，每次每 667m$^2$ 追施尿素 5～7kg，追后随即灌透水。当苗长至 5cm 左右（即上市前 5d），每 667m$^2$ 用赤霉素 3～8g，对水 30～40kg 进行叶面喷施。

## 7　采收

### 7.1　冬春芦蒿

嫩茎长高到 20～30cm 时采收上市。用锋利的刀从植株近地面处割下，立即运至阴凉处，抹去植株上的叶片，按 DB32/T 535 规定的等级标准，分级捆把，竖立排放在纸箱或保鲜袋内低温贮放或出售。

### 7.2　伏秋芦蒿

7.2.1　采收方法

7.2.1.1　分批采收：覆盖后 30～35d 采摘嫩枝上市。嫩枝长到 10～15cm 时采摘，采收时剪大留小，分批采收，并要保留基部 2～3 片功能叶片。

7.2.1.2　分茬采收：覆盖后 35～45d，嫩枝长到 15～18cm 时，用利刀从植株近地面处一起割下上市。

7.2.2　采后处理

将采收的嫩头去叶，分级捆把上市。也可喷清水在阴凉处堆放，并盖草捂48h进行软化处理，以后去叶上市。

## 8 采后管理

### 8.1 冬春芦蒿

采收后清理畦面，人工拔除或用小锹挑除杂草，追施肥水，每667$m^2$施有机复合肥100kg。30～40d后采收第二茬。一般采收二茬。

### 8.2 伏秋芦蒿

8.2.1 分批采收的：每采摘3～5次追肥水一次，每次每667$m^2$施尿素7～10kg。

8.2.2 分茬采收的：一茬采收后清理床面，拔除杂草，每667$m^2$施尿素7～10kg。

## 9 病、虫、草害防治

### 9.1 药剂使用的原则和要求

9.1.1 使用化学农药的种类、浓度和安全间隔期，应执行GB 4286和GB/T 8321的规定。

9.1.2 合理混用、轮换交替使用不同作用机制或具有负交互抗性的药剂，克服和推迟病虫害抗药性的产生和发展。

### 9.2 农业防治

9.2.1 轮作

忌长期连作，每三年换茬防止病虫害发生。

9.2.2 害虫防治

白钩小卷蛾：种植期推迟到7月上旬以后，避开5月下旬至6月卵孵高峰期；定植前将种株中下部截去集中烧毁；其他见种株处理6.5.1。

9.2.3 病害防治

9.2.3.1 病毒病：加强肥水管理，促使植株旺盛生长，提高植株对病毒病的抵抗力。

9.2.3.2 秋冬茬覆盖后，注意塑料棚内通风排湿，降低湿度，防止病害发生。

9.2.4 除草

人工拔除，或挑除杂草。勿用锄头锄草，易伤害根状茎。

## 9.3　物理防治

栽种活棵后至大棚膜覆盖前，用20目防虫网全程覆盖，防止害虫侵入危害。

## 9.4　化学防治

9.4.1　害虫防治

9.4.1.1　主要害虫种类

芦蒿的主要害虫是白钩小卷蛾、蚜虫、猿叶虫和斜纹夜蛾。

9.4.1.2　防治方法

9.4.1.2.1　白钩小卷蛾：见种株处理6.5.1。

9.4.1.2.2　蚜虫、猿叶虫和斜纹夜蛾见表2。

**表2　三种害虫化学防治方法**

| 害虫种类 | 防治时期 | 农药种类 | 剂　型 | 使用浓度（倍） | 施药方法 | 施药次数 |
|---|---|---|---|---|---|---|
| 蚜　虫 | 始发期 | 吡虫啉 | 10%粉剂 | 2 000 | 喷雾 | 2～3 |
| | | 蚜青灵 | 25%乳油 | 1 000 | | 2～3 |
| 猿叶虫 | 始发期 | 敌敌畏 | 80%乳油 | 1 000 | | 2，10d一次 |
| | | 辛硫磷 | 50%乳油 | 1 000 | | 2，10d一次 |
| | | 氯氰菊酯 | 10%乳油 | 2 000 | | 2，10d一次 |
| 斜纹夜蛾 | 3龄前 | 菜　喜 | 2.5%悬浮剂 | 1 000 | | 2，7d一次 |
| | | 抑太保 | 5%乳油 | 1 500 | | 2～3，5d一次 |
| | | 阿维菌素 | 0.6%乳油 | 1 000 | | 2～3，5d一次 |

9.4.2　病害防治

9.4.2.1　主要病害种类

芦蒿的主要病害是病毒病、白粉病、白绢病、菌核病和灰霉病。

9.4.2.2　防治方法

9.4.2.2.1　病毒病：见9.2.3.1。

9.4.2.2.2　白粉病：发病初期，用50%甲基托布津500倍液喷雾于叶背面，7～10d喷一次，连喷2次；或15%粉锈灵1 500倍液喷雾。

9.4.2.2.3　白绢病：发病初期，用15%粉锈灵1 500倍液喷雾喷雾于茎基部，7～10d喷一次，连喷2次。

9.4.2.2.4　菌核病：出现中心病株时，每 667m² 用 50%速克灵可湿性粉剂 50～100g 对水 50kg 喷雾。

9.4.2.2.5　灰霉病：发病初期，每 667m² 用 2%速克灵烟熏剂 12 颗，分散点燃，关闭棚室，熏蒸一夜。

9.4.3　草害防治

9.4.3.1　土壤处理：整地结束后，每 667m² 用 43%蒜草净 100ml，对水 50kg，在土壤表面喷雾，喷后再定植种株。

9.4.3.2　苗期处理：草长至 5cm 以上进行，用 10.8%高效盖草能乳油，每 667m² 用量 30ml，或 15%精稳杀得乳油每 667m² 用量 60ml。

# 主要参考文献


曹光亮，等．2006．叶菜类蔬菜标准化生产技术．南京：江苏人民出版社．

曹雪会．2006．越夏芹菜栽培关键技术．上海蔬菜（6）：37．

国家标准化管理委员会．2004．农业标准化培训大纲．北京：中国计量出版社．

高俊杰，等．2005．叶菜类蔬菜．北京：中国农业大学出版社．

郝春燕，丁国强，毛明华，等．2007．春黄瓜—套生菜—青菜—茼蒿—菠菜—混芫荽周年高效栽培模式．上海蔬菜（6）：66－67．

蒋先明．1989．中国农业百科全书·蔬菜卷．北京：农业出版社．

赖胜芳．2006．夏秋芹菜施肥三技术．当代蔬菜（7）：44．

吕佩珂，李明远，吴钜文．1992．中国蔬菜病虫原色图谱．北京：农业出版社．

罗扬志．2007．夏季芹菜优质高效栽培技术．长江蔬菜（6）：20－21．

马会国，等．2006．蔬菜无公害标准化生产技术．北京：中国农业科学技术出版社．

汪兴汉，等．2005．绿叶菜类蔬菜生产关键技术百问百答．北京：中国农业出版社．

王凤华，等．2007．蔬菜标准化生产技术．上海：上海科学技术出版社．

宣安东．2005．农业标准化实用手册．北京：中国计量出版社．

于冷．2004．农业标准化．上海：上海教育出版社．

袁子鸿，刘济东．2006．早春蕹菜设施大棚保温栽培技术．长江蔬菜（11）：15．

张喜春，等．2007．叶菜类蔬菜无公害栽培技术问答．北京：中国农业大学出版社．

中国农业科学院蔬菜花卉研究所．2008．中国蔬菜栽培学．第2版．北京：

中国农业出版社.
中华人民共和国农业部.2001.中华人民共和国农业行业标准·无公害食品.北京:中国标准出版社.
庄天明,等.1999.芹菜炎夏季节栽培.上海蔬菜(4):28-29.

**图书在版编目（CIP）数据**

绿叶菜类蔬菜标准化生产实用新技术疑难解答/陈素娟主编．—北京：中国农业出版社，2011.12
（蔬菜标准化栽培实用技术疑难解答丛书）
ISBN 978-7-109-16215-0

Ⅰ.①绿…　Ⅱ.①陈…　Ⅲ.①绿叶蔬菜－蔬菜园艺－标准化　Ⅳ.①S636

中国版本图书馆 CIP 数据核字（2011）第 218321 号

中国农业出版社出版
（北京市朝阳区农展馆北路 2 号）
（邮政编码 100125）
责任编辑　孟令洋

---

北京中科印刷有限公司印刷　　新华书店北京发行所发行
2012 年 1 月第 1 版　　2012 年 1 月北京第 1 次印刷

---

开本：850mm×1168mm　1/32　　印张：7.25　　插页：2
字数：180 千字　　印数：1～6 000 册
定价：16.00 元

菠　菜

菠菜大棚栽培

紫色叶用生菜

油麦菜（叶用莴苣）

结球生菜栽培

叶用莴苣

芹菜网室栽培

西芹大棚栽培

蕹　菜

蕹菜网室栽培

大叶茼蒿

荠　菜

芦　蒿

芦蒿大棚栽培

苋　菜

彩色苋菜

落　葵

菊花脑

金花菜

马　兰

枸　杞

枸杞大棚栽培

防虫网栽培

网室栽培

杀虫灯

农产品检测

超市产品